人文社科

十万个为什么

主编
李伟国

心 理 学

本册主编
崔丽娟

编写人员
丁沁南　杭婧婧　任冰洁
王静洁　邹玉梅

华东师范大学出版社
·上海·

图书在版编目（CIP）数据

心理学 / 崔丽娟主编. — 上海：华东师范大学
出版社，2015.6
（人文社科. 十万个为什么）
ISBN 978-7-5675-3758-3

Ⅰ.①心⋯　Ⅱ.①崔⋯　Ⅲ.①心理学-青少年读物
Ⅳ.①B84-49

中国版本图书馆CIP数据核字（2015）第137723号

人文社科·十万个为什么

心理学

主　　编　崔丽娟
项目编辑　王国红
审读编辑　陈锦文
责任校对　王丽平
装帧设计　宁成春

出版发行　华东师范大学出版社
社　　址　上海市中山北路3663号　邮编 200062
网　　址　www.ecnupress.com.cn
电　　话　021-60821666　　行政传真 021-62572105
客服电话　021-62865537　　门市（邮购）电话 021-62869887
地　　址　上海市中山北路3663号华东师范大学校内先锋路口
网　　店　http://hdsdcbs.tmall.com/

印 刷 者　常熟市文化印刷有限公司
开　　本　890×1240　32开
印　　张　8.5
字　　数　216千字
版　　次　2016年2月第1版
印　　次　2021年1月第3次
书　　号　ISBN 978-7-5675-3758-3
定　　价　32.00元

出 版 人　王　焰

总　序

李伟国

上世纪 60 年代由少年儿童出版社出版的主要以小学生为读者对象的《十万个为什么》，是一套传播自然科学知识的科普读物，对小读者的影响深远；但在人文社会科学领域，至今尚缺乏系统、精当的类似读本。华东师大出版社试图填补这一空白，着手打造一套向中学生普及人文社科知识的新的品牌图书，这是一件好事情。

作为一个系列，这套书涵盖了人文社科的主要领域，近期将出版的即有中国历史、世界历史、中国文学、世界文学、哲学、经济学、法律、心理学、音乐、美术等分册，可以让中学生比较全面地了解和学习人文和社会科学领域的基本知识。

我们认为，中学生是一个很大的群体，各个年级，乃至每个孩子的阅读兴趣和理解能力都存在差异，他们对知识的渴求度也不尽相同。大人常常会低估孩子而过于强调青少年读物的趣味性。直觉的趣味对孩子（也包括一般读者）自然有吸引力，但有时图书中适度的"理论"甚至"学术"的表达会让年轻而好学的读者正襟危坐，产生对学问的敬畏感和获得较深程度知识的快感。让孩子们的阅读面和所接触的知识稍稍超出自己的学业水平甚至年龄段，是培养其兴趣，激发其更上一层楼的求知欲望的有效途径。基于这一想法，我们在策划这套丛书时，既注意照顾中学生以及中等文化程度读者的阅读兴趣，又着力体现各学科框架体系的完整性，均衡分布其主要的知识点。比如经济学分册中含有微观经济学、宏观经济学、政治经济学、国际贸易、金融学、管理学等内容；美术分册中讲述了绘画、书法、雕塑、篆刻印章、工艺美术设计等知识；中国历史和世界历史分册则按照时序，介绍各时期、各民族和地区对历史发展的进程发生过重要影响的事件和人物……当然，本套丛书不同于传统的教科书和"小百科"之类的工具书，它以一问一答的形式提取并讲解各学科的基本知识点；由于篇幅所限，丛书各分册中只含两三百道题，自然不是面面俱到，也远未能反映相关学科知识的全貌。如小读者在阅读中产生联想，希望求得更多的相关知识，可以继续查找其他图书和资料作进一步探究，而这也是我们编写这套书的目的之一。

这套丛书的作者，主要为国内研究机构和高校相关学科（如中国文学分册为南京大学中文系，世界历史分册为上海师范大学历史系，经济学分册为上海社科院经济研究所，心理学分册为华东师范大学心理学系，法律分册为华东政法大学等）的研究人员。他们熟稔本学科的知识架构，具有准确并深入浅出地讲解这些知识的能力，因而保证了书中内容的科学性、准确性和客观性。

可以想象，读者阅读这套书时，大多是先浏览目录中的设问，找到自己感兴趣的问题，然后再翻阅其相关的解答；如果他在读完这些内容后觉得有意思，则可能会从头开始阅读全书。所以，我们对书中设问的设计倾注了大量的心力，力求让每一道题都能化虚为实、以小见大、问在点子上，或能从一个吸引人的事例和现象切入，较自然地引出要介绍的知识。至于正文中的解说文字，我们追求的是准确、通俗、流畅、有一定的可读性，在行文中注意借助举例、比喻、讲故事等手法，让读者能在轻松阅读中汲取知识。

如前所述，目前图书市场上向青少年讲解人文社科知识的普及类读物还很缺乏，我们这套容量有限的丛书，想必难以充分满足小读者的求知欲望；而且，由于我们的水平和能力所限，书中的内容表述可能也难尽如人意。我们不奢望每位读者都既能从本套丛书中获得知识，又由此激发起对某一学科的浓厚兴趣；但我们想，也许有读者从书中一条或若干条"为什么"开始，能找到某个求知的起点或触发点，有如发现一把小钥匙，可用它来开启自己心灵上通向人文社科知识殿堂之窗，能欣赏到殿堂内的美丽风光，由此扩大视野，增长见识。若能如此，作为出版人，吾愿足矣。

2016 年 1 月

本册序

给孩子一个不设限提问的世界

崔丽娟

华东师范大学心理与认知科学学院教授

2008 年被美国媒体誉为"世界上最聪明的孩子"的华裔女童邹奇奇在她的 TED 演讲中说，大人应该向小孩学习，小孩可能会有满脑子的奇思妙想和积极的想法，并且用他们的大胆想象拓宽了可能性的疆界。人们常说，孩子是最纯真、最烂漫、最有创造力的。确实，最梦幻的涂鸦总是来自孩子，最新奇的想法也总是来自孩子，孩子们充满想象力的头脑为我们的世界增添了不一样的色彩。那么，作为暂时拥有这个世界主宰权的大人们，又往往是如何对待这些充满好奇的小脑袋的呢？

"妈妈，人为什么会做梦？"

"去去去，我怎么知道！你怎么净问些奇怪的问题！"

这是我们生活中常见的一幕，大人们往往对孩子千奇百怪的问题置之不理，一方面，是他们并没有把孩子们的提问看作是其渴求知识的表现；另一方面，孩子们的问题也确实难倒了不少大人，让他们无法回答。

亲爱的读者，你是否有过类似的经历？你的头脑中是不是也时时闪动着许多小问号？你是否好奇为什么人会做梦，为什么人的性格千差万别，为什么有的人会"心理不健康"？你是否还好奇为什么自己能感觉到"我"的存在，为什么有的时候自己莫名其妙地情绪低落，为什么有些事情自己明明很想做却又有一个理智的声音提醒你不要做？你们是不是甚至作过这样大胆的设想：如果没有感觉，这个世界将会怎样？

也许这些问题你都想过，但是却常常没有人回答；也许你渐渐习惯了不去探求答案、不再提出问题；也许你内心深处仍然渴望找到答案，仍然对这个世界充满好奇，只是你也不知道自己的问题应该去问谁。

现在你面前的这本书，就将从心理学的角度来回答你小脑袋里的部分疑问。

也许你觉得心理学很神秘，掌握这门知识的人能看透你的内心世界；也许你觉得心理学很娱乐，一些杂志上"星座运程"类的文章总让你特别着迷。或许你知道有一种职业叫作心理咨询师，或许你还做过一份叫作"心理健康量表"的问卷……

那么，什么是心理学？

这本书，会从你周围的生活现象中，告诉你什么是心理学。

它会回答关于你的感觉、你的语言、你的视觉成像的"为什么"；

它会回答关于你的性格、你的梦境、你的清晰或者模糊记忆的"为什么"；

它会回答关于你所在的群体、你所在的社会、你周围个体或群体的"为什么"；

它会回答关于你看到的广告、你去过的餐厅、你莫名其妙从推销员手中买了一大堆东西的"为什么"……

这本书，会带你用一双心理学的眼睛看待你自己、看待你所生活的世界和你周围的人群。心理学既是你更好地了解世界的手段，也能帮助你更多地了解自己。而作为编者，最想告诉你的是：提出你的问题，寻找问题的答案，这个世界是不设限提问的，有很多知识等待你去学习，同样有很多问题等待你去发现。

那么，你准备好启程了吗？希望在你畅游知识海洋的旅途中，心理学能成为你有用的工具、忠实的伙伴，它将给予你一生相伴的支持。

本书的编写，凝聚了很多人辛勤和智慧的工作，他们是丁沁南、杭婧婧、任冰洁、王静洁、邹玉梅。我们一起讨论，几经修改，但错误与不足在所难免，望读者批评指正。

2015 年 10 月

于华东师范大学俊秀楼

目　录

1

感知觉的心理学

个 体 心 理 学

交往心理学

群 体 心 理 学

生活心理学

有关心理学的那些人和事

1 心理学是一门什么学问？

你是否听过这么一种说法："有人的地方就有心理学。"这样说并不是在夸大心理学的地位和作用，而是因为我们的生活本来就是由人的各种行为和心理支撑起来的，它已经渗透在人类生存与发展过程中的方方面面。

那么，究竟什么是心理学呢？

在词源上，心理学的英文名称 psychology，是由希腊文中的 psyche 与 logos 两词演变而成；前者意指"灵魂"，后者意指"讲述"，合起来就是：心理学是一门阐述心灵的学问。但是作为心理学最早的定义，这一定义只具有哲学意义，并没有对心理学作出科学的解释。直到 19 世纪末，心理学才逐渐被人们作为一门研究人和动物心理现象的发生、发展和活动规律的科学来看待，从真正意义上和哲学分了家。有人总结道：世界上有三大谜需要人类去探索——物质起源之谜、生命起源之谜和意识起源之谜，而心理学正是一门探索意识起源之谜的科学。

现在仍有不少人对心理学抱有错误的见解，以至于心理学常常被冠以"玄"、"神秘"、"不可信"甚至是"伪科学"的名头。然而从某种意义上说，我们每个人都是心理学者，我们会揣度别人的心思，根据不同的情境作出反应，能够依据线索进行推理。但是，仅仅靠个人日常的经验、体验和常识来了解人们的心理与行为往往是不准确的。因此，心理学家的研究就显得非常重要和必要了。科学的心理学不仅仅描述我们的心理现象，更为重要的是它用各种科学的研究方法对心理现象进行解释和说明，从而为我们揭示其发生发展的规律。

人类是心理学的主要研究对象，所以人类工作生活的方方面面都可以成为心理学的研究内容。在心理咨询和治疗领域，心理学家们为那些需要帮助的人提供建议，为心理疾病患者提供药物治疗和行为矫正的帮助；在教育领域，心理学家们研究师生的心理特征，探讨不同条件下最为高效的教学和互动方式；在经济学领域，心理学家们研究消费者的心理、市场需求的变化规律等。还有刑侦司法领域、军事领域、设计领域……到处都活跃着心理学家的身影，可以说，除了心理学，还没有哪一门学科有如此大的研究和应用范围。

从心理学这门学科确立至今的 130 多年来，心理学家们不断地探索研究心理现象的各种途径，试图用相关的理论和观点去揭示他们所关注的心理活动的规律，从而更好地让人类认识并完善自己。

2 第一个心理学实验室是谁建立的？

1879 年 12 月的一天，在德国莱比锡大学一栋破旧的建筑物中，有 3 个人正挤在 3 楼一个小房间里为一篇名为《统觉的时间长度》的博士论文收集实验数据。此时聚精会神做实验的他们谁也没有料到，随着这个实验的成功，一门新的学科正式诞生，那就是现代心理学。

做实验的这 3 人分别是威尔汉姆·冯特（Wilhelm Wundt，1832—1920）教授和他的两个弟子。在这次实验成功之后，冯特将这个简陋的小房间称为"私人研究所"，继续进行各种科学实验。随后的几年里，这个"私人研究所"不断扩建改进，正式成为莱比锡大学的心理学研究院。也正是因为这个研究院的建立，大多数权威都将冯特作为现代心理学的主要创始人，并将 1879 年冯特建立心理学实验室的这一历史事件作为心理学诞生的标志。

其实早在冯特完成这个具有划时代标志的实验之前，他就已经致力于将生理过程和精神过程联结起来。他于 1874 年出版的《生理心理学原理》是近代心理学史上一部非常重要的著作，被业内视为心理学领域的独立宣言。他把心理学的研究对象定义为"直接经验"，所谓直接经验就是亲身实践着的个体正在体验到的经验，换句话说就是以意识观念为研究对象。因此，有些人士也将冯特的心理学称为意识心理学。

如今说起心理学，我们也许能很快地说出弗洛伊德、马斯洛等人的名字，却很少有人知道冯特，更鲜少了解他的理论。但不容置疑的是，冯特对心理学的贡献是巨大的，他培养出很多优秀的心理学学者，其中不乏一些心理学大家；他亲自指导的论文就有近两百篇，而他本人的学术论文和专著也不计其数，从而使心理学在真正意义上从哲学范畴中分化出来，成为一个独立的学科并在科研领域占有一席之地。

3 为什么将威廉·詹姆士称为"美国心理学之父"？

威廉·詹姆士（William James，1842—1910）出身于美国纽约一个家境优裕的牧师家庭，祖父是爱尔兰人，父亲是个虔诚的基督教徒。他的父亲学识渊博，从小鼓励詹姆士探求真知。詹姆士在家庭的潜移默化之下很早就形成了活跃的思维，拥有丰富的社会经验。18岁时，他的梦想是成为一个画家，在学画一年后转而进入哈佛大学学习医学，于1869年取得了医学博士学位。1872年他来到哈佛任教，并于1875年建立了美国第一个心理学实验室。他曾经两次当选为美国心理学会主席，于1906年当选为美国国家科学院院士。

1890年出版的《心理学原理》是詹姆士耗时12年的经典之作，它的面世也意味着美国人有了第一部自己写的有分量的心理学专著。和冯特将整体的意识分析为若干元素的观点不同，他认为意识不是一些割裂的片断，而是一种整体的经验，并称其为意识流。他指出意识有五个基本属性——

私人性：每一个思想都属于某一个人所有，不可能共有也不可能无人认领；

变动性：意识就像川流不息的河流一样，无时无刻不在改变，只能出现一次，不能复返；

连贯性：虽然意识不断变化，但却从来不会中断；

具有自身以外的对象：同时意识又具有对这些对象的认识功能；

选择性：意识总是选择一个对象或者某个对象的一个方面，同时又排斥其他的对象或者某个对象的其他方面。

顺应了美国资本主义迅速发展并开始进入垄断资本主义这一特定的历史背景，詹姆士的心理学思想很早就表现出了浓厚的实用主义倾向。

詹姆士的这些观念标志着他的学说已经摆脱了欧洲的传统，创立了有着美国特色的机能心理学思想。他所倡导的实用主义心理学对之后的机能主义、行为主义乃至整个美国的心理学都产生了深远的影响，这也是他被誉为"美国心理学之父"的原因所在。

4 为什么说遗忘是有规律可循的？

学习的时候，你是否常常为背诵任务感到头疼？晦涩的古诗文和无数的英文单词像一群不听话的小人，刚才还老老实实地列着队，一会儿工夫就变成自由活动了，更别说最后连人影也消失得无影无踪，让辛辛苦苦背得晕头转向的你欲哭无泪。有些老师会告诉你背书一定要多重复，甚至还会传授一些根据遗忘曲线总结出的速效记忆法。那么，你知道遗忘曲线是怎么来的吗？

这个遗忘曲线是心理学家艾宾浩斯的研究贡献。赫尔曼·艾宾浩斯（Hermann Ebbinghaus，1850—1909）出身于德国波恩附近的一个商人家庭，中学时代在文科学校求学。1867—1870 年间先后在哈雷、柏林和波恩等大学学习。大学期间，他的主要兴趣是哲学，并于 1873 年获得了哲学博士学位。由于机缘巧合，艾宾浩斯受到费希纳《心理物理学纲要》的启发，决心像费希纳设计实验研究心理物理学那样，通过实验测量来研究人的记忆。他由一系列记忆实验发现遗忘是有规律可循的。如图所示，人们的记忆规律总是先遗忘得快，这时如不抓紧复习，所学的知识会在一天后骤降到原来的 25% 左右；而在接下来的时间里，遗忘的速度则明显减慢，所遗忘的记忆数量也逐渐减少；再过些时候，记忆数量趋于稳定，意味着遗忘进程几近停止。可见，

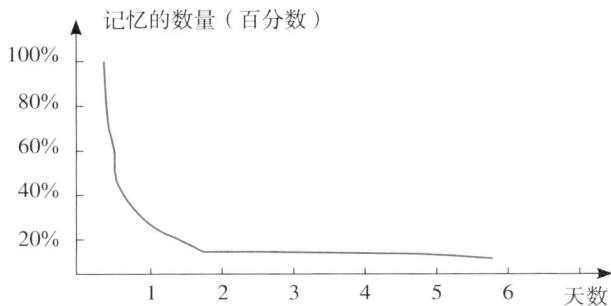

遗忘是依照先快后慢的规律发展的。相对于当时简单地对心理过程进行实验和测量的研究，艾宾浩斯开创了比较复杂的记忆心理过程的实验研究，是第一位将实验方法应用于高级心理过程的心理学家。

除了绘制遗忘曲线，艾宾浩斯还是最早用无意义音节研究记忆的心理学家，他将德文和外国文字的字母拼成无意义的音节作为实验材料。例如，把字母按一个元音和两个辅音组合成无意义的音节——这3个字母的组合以在德语字典中查不到为准，例如 zov，gij，xot……再由几个音节合成一个音节组，由几个音节组作为一项实验材料。由于这样的无意义音节只能靠反复背诵来记忆，不存在因实验者的背景词汇量的多少而产生差异，就使得记忆效果一致，便于统计、分析和比较。这是艾宾浩斯的一项创造，为之后的记忆实验提供了实验范本，甚至如今的大多数记忆研究实验仍然在直接沿用或改良使用艾宾浩斯当初的实验材料。

5　为什么弗洛伊德在心理学界影响如此深远？

提起心理学家，你可能会和大部分人一样，首先就想到弗洛伊德。这位奥地利著名的精神病学家、精神分析学派的创始人，以其学术理论的独特性而广为人知。

西格蒙德·弗洛伊德（Sigmund Freud，1856—1939）1856年出生在现今捷克的一个犹太人家庭，父亲是卖羊毛兽皮和未加工食品的小贩。在他4岁那年，由于经济不景气而举家搬迁，最终定居维也纳。19世纪60年代的奥匈帝国虽然从法律条文方面已经使犹太人获得解放，但就根本而言，他们仍然游离于主流社会之外，从事的职业和就读的专业依然受到极大的限制。弗洛伊德早在幼年时期就刻苦学习，成绩优异，1873年考入维也纳大学医学部，1881年获取博士学位。之后，由于经济困难，弗洛伊德在维也纳开设了一家私人诊所，并结识了约瑟夫·布洛伊尔医生。当时布洛伊尔医生有一位名叫安娜的女病人，常常表现出没有胃口、肌肉无力、记忆缺失、恶心呕吐等症状。在一次治疗中，布洛伊尔发现通过催眠可以为她重现意识深处所发生的场景和幻想的事，诱发她说出一些特殊的经历，在催眠之后，她的很多症状就消失了。这个案例引发了弗洛伊德浓厚的兴趣，并在十多年之后与布洛伊尔一起撰写了一份报告，这就是心理分析的第一个个案报告，心理分析就是从这份报告开始萌芽并发展起来的。

与传统心理学主要研究意识现象和内容不同，弗洛伊德将无意识现象和内容作为精神分析心理学研究的主要对象。他在最早形成的理论中断言：精神过程本身都是无意识的。在他看来，意识过程在人的全部精神过程中不过是极小的一部分，就像大海中的冰山，浮在水面上的部分是能够被人看到的，但却只是整个冰山的一小部分，而藏在水面以下的部分，则为冰山的大部分。他认为由前意识和潜意识组成的无意识就像冰山水下的部分，在人的全部精神活动中占主要地位。

弗洛伊德在治疗的过程中，不断充实和发展自己的理论，很多理论，如人格结构、自由联想疗法等都已被世人所熟知。1900年，他将自我分析和多年治疗分析的研究所得整理发表，即《梦的解析》，该书介绍了对梦做自由联想的分析方法和梦的象征作用。这本书也标志着弗洛伊德从精神治疗转向心理学研究。

在心理学的历史上，很少有哪位心理学家的理论像弗洛伊德的理论一样饱受吹捧又惨遭批评，但不可否认的是，他的理论对后人的影响还是非常深远的。

6 为什么人格有内外倾之分？

卡尔·荣格（Carl Gustav Jung，1875—1961）是分析心理学的创

建者，早年是弗洛伊德的得意门生，后来因为观点分歧而和弗洛伊德决裂。与弗洛伊德的自然主义不同，荣格更强调人的精神。

荣格于 1875 年出生在瑞士凯斯威尔一个宗教氛围浓厚的家庭，他的父亲是牧师，亲戚中也有不少神职人员。荣格的心理从小就对外界比较封闭，认为没有人能够理解人固有的内在体验和思想。在整个少年时代，他有一种强烈的感觉，认为自己是某个其他人，而这个想法开启了他之后的研究之路，来确认他自己称为的"第二个"荣格。由于对人格的浓厚兴趣，荣格选择了进入精神病领域学习，并于 1900 年获得医学博士学位。随后荣格在阅读了弗洛伊德的《梦的解析》一书之后对此理论产生了兴趣，并终于在 1907 年和弗洛伊德会面，进行了据说长达 13 个小时的谈话。随后几年，荣格和弗洛伊德一起工作和研究，但荣格渐渐意识到他们对人格的认识在本质上存在严重的分歧，终于在 1914 年两人分道扬镳。

荣格根据心理能量的指向将性格类型分为外倾和内倾。外倾型的个体心理能量的活动倾向于外部环境，重视外部世界，爱社交、开朗自信，并且易于适应环境；而内倾型的个体心理能量的活动倾向于自己，重视主观世界，好沉思、善内省、害羞寡言，较难适应环境的变化。荣格将内、外倾归为一般态度类型，就是指一个人对待某种特定环境所表现的态度或方向。他还将人的心理活动分为感觉、思维、情感和直觉 4 种基本机能，称为机能类型。将这 4 种机能类型和一般态度类型两两组合就形成了 8 种性格类型，每一种都有不同的性格特征和行为表现。

另外，在人们比较好奇的，如人类为什么会对黑暗产生恐惧、会对母亲产生依恋等问题上，荣格提出了著名的"集体无意识"理论，他认为正像我们从祖先那里继承了生理特征一样，我们也继承了那些无意识的心理特征。他认为即便在不同的文化背景下，神话故事描写的主题也多半是相同的，其原因正是集体无意识的存在。

7 科学家和小偷真的都是可以培养的吗？

你是否听过这样一种说法：

"给我一群健康而又没有缺陷的婴儿，把他们放在我所设计的特殊环境里培养，我可以担保，我能够把他们中的任何一个人训练成我所选择的任何一个领域的专家——医生、律师、艺术家、商界首领，甚至是乞丐或窃贼。"

没错，这就是行为主义心理学的开创者华生的经典语录。约翰·华生（John Broadus Watson，1878—1958）出生于美国南卡罗莱纳州，他的父亲是个农场主，脾气暴躁，母亲是浸信会的教友。13岁时父亲的弃家出走曾一度让华生情绪低落，学习成绩下滑，但之后的成长经历使他重新审视自己的学业抱负，并研习了医学和哲学方面的知识。在大学读书期间他对心理学产生了浓厚的兴趣。他于1903年取得芝加哥大学博士学位之后，留校任教。1908年，他就任约翰·霍普金斯大学心理学系主任。1915年当选为美国心理学会主席。

在霍普金斯的任教时期是华生事业上的鼎盛时期，由于在动物实验方面取得的成就，他的事业蒸蒸日上。通过实验，华生否定了所有对不可见心理过程的研究，形成了一种全新的理念，认为心理学的研究对象应该是以完全可以观察的对象为基础的。1913年，他在《心理学评论》上发表了一篇名为《从行为主义的观点看心理学》的文章，正式揭开了行为主义时代的序幕。

就像前面那段语录中说的那样，华生是环境决定论的拥护者，他否认遗传的本能行为，认为人的行为类型完全是由于环境造成

的。华生的行为主义主张取消所有具有主观性的心理学术语，只研究客观的行为。他认为人类的行为不论简单还是复杂都不外乎是一连串刺激（S）—反应（R）的联结。正如他的理论一样，华生一生都非常排斥内省和自我表露，即便是对待自己的亲生孩子，也从未有过任何诸如拥抱亲吻的亲昵举动，睡觉时也只是和他们握手告别。

虽然随着心理学的发展，人们逐渐意识到华生的理论在对很多问题的解释上都过于简单，而且S—R单元链不管有多长也终究无法解释多重复杂的人类行为，但是，华生的理论依旧主导了美国心理学长达半个世纪之久，促进了心理学在实际生活中各个领域的应用。

8 为什么奖励能让老鼠变得"聪明"？

伯尔赫斯·弗雷德里克·斯金纳（Burrhus Frederic Skinner，1904—1990）是新行为主义的代表人物，他于1904年出生在美国宾夕法尼亚州的一个小镇上，父亲是当地的律师，母亲是家庭主妇。在童年时期，他就有制作各种复杂小玩意的爱好。中学毕业之后，他考入了纽约的汉密尔顿学校，立志成为一名作家。但是，在苦练写作一年并发表了几篇文章之后，他觉得自己欠缺这方面的素质，于是决定放弃当作家的打算。不久之后，他偶然读到了有关华生行为主义研究的文章，颇有感触，并在此影响之下考入哈佛大学攻读心理系的研究生，于1931年获得博士学位。几年之后，斯金纳撰写了《有机体的行为》一书，首次系统地表明其行为主义的理念。直到今天，斯金纳仍然是享誉全世界的著名心理学家。

关于心理学界的"四大神兽"，有这么一句顺口溜："斯金纳的老鼠，桑代克的猫，科勒的猩猩，巴甫洛夫的狗。"斯金纳的"老鼠"便出自他最重要的成就——"操作性条件反射"（operant conditioning）理论。与经典条件反射（巴甫洛夫式条件反射）不同，该理论认为动物的任何操作性行为都是由不可见的外部刺激引起的。比如在大家熟悉的巴甫洛夫实验中，实验者主动给予一个新的刺激——铃声，来建立铃声—分泌唾液之间的条件反射。而斯金纳在实验中设计了一个以他名字命名的研究动物学习活动的仪器——斯金纳箱（参见本书插图页第3页上图）。箱中有一伸出的操纵杆，下面有一个食物盘，只要箱内的动物按压操纵杆，就会有一个食丸滚入食物盘内，动物即可得到食物。斯金纳将饥饿的老鼠关在箱内，老鼠便在箱内不安地跑动，活动中偶然按压了操纵杆，便得到了食物。食物强化了老鼠按压操纵杆的行为，因此老鼠后来按压操纵杆的频率迅速上升。按照斯金纳的说法，动物为任何目的而进行的任何随机活动，都可以看作是对周围环境的某种"操作"，奖励这项动作就产生了操作性条件反射。

斯金纳把人和动物的一切行为都看作刺激和反应的联结关系，他一直认为诸如意识、思想、推理等主观感受根本就不存在，一生都坚守着他的极端行为主义的观点。即使在今天，他的理论仍旧在教育和心理治疗中得到广泛的应用。

9 自信心能让我们更好地完成任务吗？

阿尔伯特·班杜拉（Albert Bandura，1925— ）是美国著名的心理学家，新的新行为主义的主要代表人物。班杜拉出生于加拿大的阿尔伯塔省，1946 年进入温哥华不列颠哥伦比亚大学学习，并于 1949 年毕业。随后于 1951 年在美国衣阿华大学获心理学硕士学位，1952 年在衣阿华大学获得博士学位。从 1953 年开始在美国斯坦福大学任教。1974 年当选为美国心理学会主席。曾多次获得美国心理学会颁发的杰出科学贡献奖。

班杜拉最突出的贡献是创立了社会观察学习理论。班杜拉认为，个体通过观察他人（榜样）所表现的行为及其结果，就能学习到复杂的行为反应。比如在学校中经常在一起玩耍的孩子会有类似的行为表现，这是因为他们互相观察学习得来的。在人类的行为受什么因素影响和决定这一问题上，班杜拉认为，行为、环境、个人内在因素三者是相互影响、交互决定的。他认为个人和环境这两个因素不能单独发挥作用，而人也不能被看作独立于行为之外的原因。

班杜拉的另一个贡献是提出了"自我效能"（self-efficacy）这一概念。所谓自我效能就是指一个人对自己在特定的情境中是否有能力操作行为的预期。他认为一个人的自我效能感越强，他就越倾向作出更大的努力。J·K·罗琳（J.K. Rowling）那本关于一个少年魔法师的小说《哈利·波特与魔法石》在被伦敦一家小型出版社接纳之前，曾经遭到 12 家出版社的拒绝。华特·迪士尼（Walter Elias Disney）曾经被一家报纸的编辑以"缺乏想象力"为由解雇。"飞人"迈克尔·乔丹（Michael Jordan）上高中时曾被校篮球队拒之门外。而支撑这些人走出失败并最终获得职业生涯成功的一个重要因素就是高水平的自我效能感。当然，一个人的自我效能感不是一成不变的，有很多因素，如个体成功、失败的经验，他人的暗示、建议，情绪的唤起等等都可能影响自我效能水平。现如今，这一概念仍是一个研究热点，被各界学者广泛引用。

10 皮亚杰把儿童的认知发展分为哪几个阶段？

让·皮亚杰（Jean Piaget，1896—1980）在教育界几乎人尽皆知，他被大多数发展心理学家认为是 20 世纪最伟大的儿童心理学家。他开辟了心理学研究的另一个新途径，对当代西方心理学的发展和教育改革具有重要影响。英国著名的发展心理学家布莱恩曾经表示，如果没有皮亚杰，儿童心理学只能是一门了无生气的学问。

皮亚杰 1896 年出生于瑞士的纳沙特尔，父亲是教授中世纪文学的大学教授。皮亚杰自幼喜爱动物，10 岁就发表了有关鸟类生活的论文，15 岁就因研究蜗牛等软体动物而为人所知，故有"科学神童"之称。1918 年获得自然科学博士学位。求学期间他就对心理学和逻辑学产生了浓厚的兴趣，并在荣格的指导下研习精神分析的理论。

在皮亚杰的学术生涯中，大部分的时间都是和儿童打交道，他在与儿童的玩耍和交流中有了很多重要的发现，并提出研究儿童的逻辑是了解人类心智发展的基础。

皮亚杰将生物学、逻辑学和心理学的知识统合起来研究儿童认知发展的历程，他将儿童认知发展分为 4 个阶段。首先是"感知运动阶段"，从孩子出生到 2 岁左右，这一阶段是思维的萌芽期，这个阶段的婴儿依靠仅有的一些感觉和外部事物建立联系来探索和理解周围的世界，比如这一阶段的婴儿喜欢通过吮吸、抓取、扔东西来探索未知的世界。第二个阶段是"前运算阶段"，大概从 2 岁到 7 岁，儿童开始使用大量的符号（词汇和表象）作为中介来描述外部世界，比如用"糖"来代表体积不大、味甜、入口即化的食物；此外，儿童还使用延迟模仿、绘画和象征性游戏来表达对世界的认知，比如这个阶段的儿童喜欢玩"娃娃家"，扮演爸爸、妈妈、医生、老师等角色。7 到 11 岁的孩子正处在"具体运算阶段"（第三个阶段），在这个阶段，儿童已经具备了对客观事物和经验进行逻辑思考的能力，明白守恒概念，会进行一些可逆运算，但只能局限于具体的事物。第四个阶段是"形式运算阶段"，11 岁之后，儿童的思维已经不再局限于真实的或可观察到的事物，而是可以进行抽象的思维和运算。

这是皮亚杰的独创，同时也是发展心理学中最为经典的理论之一。

11 为什么人本主义的心理治疗强调以来访者为中心？

卡尔·罗杰斯（Carl Ranson Rogers，1902—1987）是美国著名的心理治疗师，人本主义心理学的创始人之一。他于 1902 年出生在美国一个农场主家庭。他的父亲是一个土木工程师，母亲是一位虔诚的基督徒。从小在西部农场长大的他曾立志成为一名牧师，1919 年进入威斯康星大学农学院学习，并积极从事宗教活动。但随后的实践经历让他对宗教的教条产生疑虑，从而转系攻读临床心理学，并于 1928 年获得硕士学位，三年后又取得博士学位。此后一直从事科研和治疗工作。

罗杰斯认为治疗应该着眼于眼前的问题，而不是探究过去的经历对现在造成的影响。他还认为人的天性是善良的，并且具有发现自身不足和缺陷的潜能，因而，只要提供适当的条件，就可以激发人的潜能，让其意识到自己存在的问题，并自己将问题解决。罗杰斯的这种治疗理念被称为"来访者中心疗法"（Client-centered Therapy）。这一疗法以真诚、尊重和理解为基本前提，强调建立良好的咨询关系。罗杰斯认为，当这种关系存在时，个体就能以自己喜欢的方式来探索自己，并向所期望的方向前进，这样个体在行为和人格上的积极变化也会随之出现。如今在心理咨询和心理治疗中，仍然有很多咨询师和治疗师在采用这种方法。

推及教学，罗杰斯也有类似的看法，他倡导以学生为中心的非指导性教学。他认为，对讨论负有主要责任的应该是学生而非教师。教师不应该把大量时间放在组织教案和讲解上，只需作一些非指导性应答以引导或维持讨论。非指导性应答一般是指一些不带有解释、评价和建议的简短回答，仅仅是对学生的理解加以反应、澄清和证明，目的在于形成一种氛围，从而让学生能够自主决定学习的内容，为自己设置教育目标，并选择达到目标的手段；教师只是为他们提供一些必要的材料。虽然这种教学方法较为理想化，有很大的随意性和盲目性，并且在实际教学中较难实现，但它体现的教学理念依然被多数人所认可。

12　人类的需要有高低层次之分吗?

也许你没有听说过马斯洛这个名字，但是他最著名的理论应用的范围极其广泛，那就是大众熟知的"需要层次"理论（Maslow's hierarchy of needs）。

亚伯拉罕·马斯洛（Abraham Harold Maslow，1908—1970）是人本主义心理学的主要建设者之一，美国著名的社会心理学家、人格理论学家和格式塔（Gestalt）心理学家。他于1908年出生在纽约布鲁克林区的一个犹太人家庭，兄妹共7人。他的父母希望他以法律谋生，但是他本人对法律并不感兴趣，很快就转向了心理学。1934年他在威斯康星大学获得博士学位并留校工作。1968年被选为美国心理学会主席。

马斯洛吸收了弗洛伊德精神分析理论中的意识、无意识、动机等概念，但同时又反对精神分析将正常人也按照病人来对待，认为夸大本我的作用对研究健康人群不利。他对人类的动机特别感兴趣，希望用自己平生所学来解开人类的动机之谜。

马斯洛认为人类的需要是有层次的，就像金字塔一样上窄下宽，越上面的需要越高级，如下图所示。最下层是生理需要，即维持个人生命和种族延续这些最基本、最原始的需要，比如饿了要吃饭，渴了要喝水，其他的需要全都建立在这个层次的需要之上。在生理需要之上的是安全需要，每个人在社会生活中都会有获得安全感的需要、稳定的需要、不受恐吓和焦虑折磨的需要。再上一层次是归属和爱的需

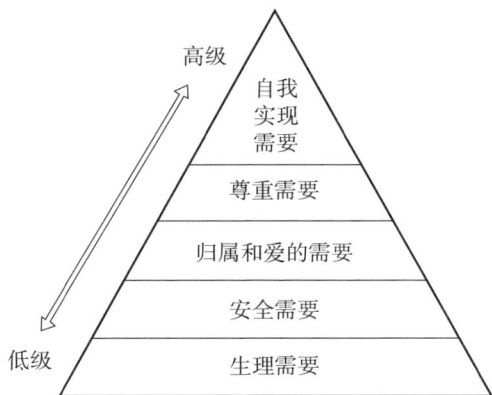

要，涉及人对家庭、组织、团体等的需要，比如渴望获得友谊，希望得到他人的认可以及建立亲密的关系等。接下来是尊重需要，包括自我尊重和对他人的尊重。最后是自我实现需要，即充分发挥自我的潜能，完成与自己能力相称的事情。

马斯洛同时指出，各层次需要的实现只能像游戏过关一样从低级往上逐步进行，不能逾越，比如一个连温饱都不能解决的人是不可能达到自我实现的。另外，他还认为人的需要动机和其性格紧密关联，比如一个缺乏安全感的人会有强烈的获取他人认同的动机。

马斯洛的需要层次理论在心理学、现代行为科学中占有重要地位。它在一定程度上反映了人类行为和心理活动的共同规律，在现实生活中有积极的指导意义。

13 为什么人会产生心理冲突？

库特·勒温（Kurt Lewin，1890—1947）既是拓扑心理学的创始人，也是实验社会心理学的奠基者。他于1890年出生在德国波森省（现属波兰）一个中产阶级犹太家庭。先后在费莱宝、慕尼黑和柏林大学学习，并于1914年在柏林大学取得博士学位。在其攻读博士学位期间，正碰上第一次世界大战爆发，他作为志愿兵服役4年，之后回到柏林大学担任研究助理。在此期间，他完成了许多关于联想和动机方面的重要研究，并开始创建他的场论。1933年由于纳粹的威胁，他移居美国，先后在美国多所大学任教和开展研究，并完成了许多著作，形成了他自己独创的场论和社会心理学。

心理场（psychological filed）是勒温心理学体系中一个基本概念和核心内容。他借用数学和物理学中的概念来解释心理问题。他认为人的心理活动都是在心理场中进行的，所谓的心理场就是由个人生活中的过去、现在和未来的关于一切事件的经验和思想愿望组成的。它会随着个体年龄的增长和经验的积累而扩展分化。比如一个初生的婴儿的心理场几乎没有任何成分，而一个年过半百的老人的心理场则内容丰富。

勒温在动机研究方面也有巨大的贡献。他将人的整个行为看成一个动力系统。当人和环境之间原本存在的平衡被打破的时候，人会产生一种紧张感，为了缓解这种紧张感就会产生一个满足需要的意向，比如饥肠辘辘的人就想要吃东西，口渴的人就想要喝水。同时，一个人可能存在达到目的的欲望，或者存在逃避痛苦的欲望。前者被称为趋近动机，后者是回避动机。冲突的形成就和这两个动机有关。比如你到了商店里看见两件漂亮的衣服，你都想要，但你带的钱只够买其中一件，这时你就产生了趋近—趋近冲突。再比如，你不想练习跑步，但是又不希望体育考试不及格，这种情况下你就产生了回避—回避冲突。又比如，你生病了，希望早日康复，却又不想吃难吃的药，这时你陷入了趋近—回避冲突。

勒温将心理场的理论应用于社会问题的研究，形成了群体动力学说，主要关注群体的气氛、群体内成员的关系、群体的领导风格等。群体动力学将实验研究的方法运用到对群体的研究中，这对后来的社会心理学的发展作出了很大的贡献。

14 人们是怎样让自己保持心理平衡的？

你有过这样的经历吗：你不想去上某个课外辅导班，但是又怕父母责骂，所以心中感到痛苦和焦躁。像这样因为存在矛盾的想法而感到紧张和不愉快，是因为你出现了"认知失调"。这个时候你会设法缓解这种焦虑，改变自己的想法："上课外辅导班可以提高自己的技

能"，或"父母爱我，责骂一下也就过去了"，从而采取上辅导班或者不上辅导班的行动。

认知失调（cognitive dissonance）无疑是社会心理学中最有影响力的理论之一，也曾是该领域核心期刊中红极一时的话题。它是里昂·费斯汀格（Leon Festinger，1919—1989）延续其导师的研究而发展起来的。

费斯汀格 1919 年出生于纽约，1939 年毕业于纽约市立大学，后前往衣阿华大学继续学习，并在勒温的指导下从事研究工作。于 1940 年取得硕士学位，两年后又取得博士学位。1945 年费斯汀格成为勒温设在麻省理工学院的群体动力学研究所的助理教授。勒温病逝后，费斯汀格来到明尼苏达大学担任教授，并最终创立了认知失调理论，以此来解释心理平衡。费斯汀格认为，认知失调是一个人的态度和行为等认知成分间相互矛盾所产生的不舒适、不愉快的情绪。一旦出现不协调，人就会产生内心压力，进而产生减少或消除不协调的动机。

关于这个理论，有一个有趣的经典实验：研究者要求被试（指心理学实验或心理学测验中接受实验或测验的对象）从事绕线这一极其枯燥乏味的工作，然后分别以 1 美元和 20 美元作为报酬，要被试说绕线非常有趣，也就是让被试说谎；随后调查这些被试对绕线工作的真实评价。其结果令人诧异：得到 20 美元报酬的被试说绕线这活儿很无聊，得到 1 美元报酬的被试却说绕线有意思。为什么会这样呢？心理学家的解读是：那些得到 20 美元的人觉得自己当初撒谎是值得的，所以能坦然说出自己的真实感受；而那些说了谎只得到 1 美元报酬的人，心里极不平衡，为了掩饰自己当初的心口不一，只能违心拔高对绕线的评价。这一实验结果曾在心理学界引起了广泛的讨论，此后又进行了一些类似的实验，这些实证研究促进了认知失调理论的完善和发展。

15 为什么卡特尔把人格特质因素归为 16 种？

说起人格测试，我们最熟悉的莫过于 16 种人格因素测试（sixteen personality factor questionaire），也就是人们常说的 16PF，这是美国著名心理学家卡特尔的研究成果。

雷蒙德·卡特尔（Raymond Bernard Cattell，1905—1998）出生于英国的斯塔福郡，1921 年进入伦敦大学主修物理和化学，1924 年获得化学学士学位。由于第一次世界大战的爆发，他目睹了很多社会问题，之后转而开始了心理学的学习，专攻人格特质因素分析，并于

1929 年获得伦敦大学博士学位。1937 年，他受著名心理学家桑代克的邀请来到美国，继续进行人格特质的因素分析。

在研究初期，他设法将 171 种特质表现进行归类，最初归为 62 类，但随后发现这些类型有互相重叠的地方，在自己不断分析和他人的帮助下，卡特尔最终得到了 16 个根本性的特质因素。这 16 种特质每一种都是两极化的，比如特质乐群性，就是从一端的"冷淡"到另一端的"开朗"，在此维度上的高分者外向、热情，低分者缄默、内向。整个测验共有 187 题，每个问题都有 3 个选项。16PF 的适用范围很广，凡是有相当于初中以上文化程度的青壮年和老年人都适用。

按照测验程序施测完毕，测试人不仅可以得到自己在 16 个维度上的得分情况，还可以获得一张性格轮廓图，从而更为直观地看到自己的性格轮廓。如果将不同职业的人的轮廓图放在一起，可以很清楚地显示不同职业人的性格差异所在。因而 16PF 曾被广泛应用于企业人才招聘及职业咨询。但如今由于互联网的普及，16PF 在网络中被大量传播和分析，因而在人才招聘和职业咨询中的应用价值也被大大弱化，逐渐淡出了舞台。但不可否认的是，如今取代它的其他新的分析方法中仍有不少是 16PF 的衍生物。

16 为什么人们会作出非理性的决策？

2002 年，有一位心理学家在得知自己和同伴的研究获得了诺贝尔经济学奖时，激动不已，失手将自己锁在家门外，最后不得不破窗而入。他就是丹尼尔·卡尼曼。

丹尼尔·卡尼曼（Daniel Kahneman，1934— ）生于以色列，后举家迁至巴基斯坦。他在很早的时候就对心理学产生了浓厚的兴趣，并决定将探究心理学作为自己毕生的追求。他于 1954 年在希伯来大学取得心理学与数学学士学位，1961年获美国加利福尼亚大学伯克利分校心理学博士学位。这期间，卡尼曼曾在以色列国防部的心理学部门工作，并提出了"构想效度"（construct validity）这一在心理统计和测量中相当重要的概念。自1993年起，卡尼曼担任美国普林斯顿大学心理学教授。卡尼曼专注于研究人类决策中的非理性行为，其研究结果对心理学以及经济学领域产生了重要的影响。

卡尼曼认为决策并非都是理性的，人们经常会在不同的时间对同一个问题作出不同甚至是彼此矛盾的选择，因为人们在决策的时候不仅存在直觉的偏差，还存在对框架的依赖。所谓直觉偏差，顾名思义就是按照自己的直觉作判断，而这种直觉常常不符合传统的统计学规律。而框架效应（framing effects）指的是，对同样信息的不同显示方式会导致其中某一种显示方式更容易被人们所选择。关于框架效应有一个经典的研究。研究者准备了两个不同的文本，内容都假设需要为一种不常见的疾病的爆发做准备，有两个备选方案，然后让实验者按其意愿选择方案。在第一个文本中，两个方案是这样描述的：如果采用方案A，那么200人将会获救；如果采用方案B，那么有1/3的可能会使600人获救，也有2/3的可能没有人能获救。结果大多数的实验者选择了A方案，表现为不愿意冒险。在第二个文本中，两个方案的描述为：如果采用方案A，那么400人将会死亡；如果采用方案B，那么将有1/3的可能不会有人死亡，也有2/3的可能使600人死亡。调查的结果显示大部分的实验者选择了方案B，表现为乐意冒险。

明明传递的信息在概率统计上是完全相同的，为什么会有这样不同的结果呢？因为人的心理是倾向于生还而排斥死亡的，A、B两个方案的区别在于一个传递了确定性，一个表现出了风险性，而对于生还人们会更倾向于选择确定性，对于死亡人们则更倾向选择不确定性。

17　心理学关注的都是心理异常的人吗？

"积极心理学"是美国心理学界一个新兴的研究领域，是利用心理学的实验方法与测量手段，研究人类自身的积极力量和优秀品质的一个心理学新思潮。积极心理学的概念最早是由美国心理学家马丁·塞利格曼提出的。

塞利格曼（Martin E.P. Seligman，1942—　）于 1942 年出生在美国纽约。少年时代喜爱篮球，后因没有入选篮球队而进入学术领域。他于 1964 年从普林斯顿大学毕业，随后进入宾夕法尼亚大学学习实验心理学。他一直致力于乐观心态、习得性无助以及压力的科学研究。在 1997 年时，他曾以史上最高票的纪录，被选为美国心理学协会的主席。

积极心理学这个名词的由来还有一段有趣的故事。有一次塞利格曼在和 5 岁的女儿玩耍，女儿突然提出要和他谈谈，并说："我从 3 岁到 5 岁一直都在抱怨，每天都要说这个不好那个不好。当我长到 5 岁时，我决定不再抱怨了，这是我从来没作过的最困难的决定。如果我不抱怨了，你可以不再那样经常郁闷吗？"女儿的话给了塞利格曼极大的触动，让他意识到培养孩子应该关注那些优秀的品质和他们的强项，着眼于他们所蕴含着的巨大潜能，而并不是盯着孩子的短处，因为只有那些闪光点才会成为他们日后收获幸福的原动力。因此，他把这种关注人的优秀品质和美好心灵的心理学称为"积极心理学"。

积极心理学研究的一个重要内容是积极的情绪和体验，而快乐、爱、人的主观幸福感等更是积极心理学研究的热点。

感知觉的心理学

18 如果没有了"感觉",世界将会是什么样子?

来自外界环境中的丰富的物理刺激让我们的生活变得多彩而绚丽,试着想想:春天里你去郊外踏青,蓝蓝的天上飘浮着几朵白云;满眼绿色的田野和草地;和煦的春风轻抚你的脸和手臂;偶尔飘来若有若无的花香和青草的气息;不远处,还有小鸟在树上叽叽喳喳地唱着歌……这是多么惬意祥和的景象,感染得你也不知不觉地哼起了小曲儿。

是的,这时候你会发现,正是通过你的眼睛、耳朵、鼻子甚至还有皮肤的同时作用,你才能如此专注地去感受大自然所赋予你的美好景象。但是你有没有想过,如果没有了这些感觉,同样的一片景象,在你的世界里会变成什么样子呢?

心理学上把人和外界环境刺激高度隔绝的特殊状态称为"感觉剥夺"(sensory deprivation)。对动物的感觉剥夺研究表明,把动物放在完全无刺激的寂静环境中,会损伤动物健康,甚至可以引起死亡。而最早的以人为对象的感觉剥夺实验发生于1954年。当时在加拿大的一所大学里,实验者以高报酬吸引了一批大学生参加他们的实验。实验要求是：所有的参加者须整天躺在有光的小屋的床上，时间尽可能长（只要他愿意）。参加者有吃饭的时间、上厕所的时间。严格控制参加者的感觉输入，如给参加者戴上半透明的塑料眼罩，可以透进散射光，但没有图形视觉；给参加者戴上纸板做的套袖和棉手套，限制他们的触觉；头枕在用 U 形泡沫橡胶做的枕头上，同时用空气调节器的单调嗡嗡声以限制他们的听觉。

实验前，大多数参加者以为能利用这个机会好好睡一觉，或者考虑论文、课程计划。但后来他们报告说，在感觉剥夺的环境下，他们对任何事情都不能进行清晰的思考，哪怕是在很短的时间内。他们无法集中注意力，思维活动似乎是"跳来跳去"的。此外还有一个意想不到的发现：接受感觉剥夺实验的被试中有 50% 报告产生了幻觉，其中大多数是视幻觉，也有人报告有听幻觉或触幻觉。因此，感觉剥夺实验证实了丰富的、多变的环境刺激是有机体生存与发展的必要条件。短期感觉剥夺有利于放松和冥想，但是，长期感觉剥夺会导致极端焦虑、幻觉、奇怪的想法和抑郁症。在感觉剥夺环境中，由于人的各种感觉器官接收不到外界的任何刺激信号，一段时间之后，就会产生这样或那样的病理心理现象。

19 为什么婚纱多是白色的？

白色在生活中好像总是有着很特殊的意义。你是否好奇过，为什么婚礼上新娘子要穿白色的婚纱？为什么医院里的医生和护士穿着白大褂，而且护士们被亲切地称为"白衣天使"？还有，为什么战败投降要举白旗？白色的这些特殊用途其实都和它给人们的心理感觉有关。

白色在世界绝大多数地方都被视为崇高、神圣的颜色。在生活中，白色给人一种纯洁、干净、神圣、朴素的感觉，但另一方面，也给人以一种清冷、单调的印象。其实，白色并不是天生就具有这些象征意义的。人们关于白色的心理感觉，是在色彩联想社会化的过程中发展起来的，它的象征意义受到相关地域的传统文化的影响，反过来也成了文化的一部分，并在社会生活中扮演着重要的角色。

白色婚纱是在18世纪后半叶的欧洲开始流行起来的，后来逐渐传向世界各地成为全世界盛行的一种婚礼文化。在更早期（15、16世纪）的日本，就有在婚礼上穿白色礼服的习惯。据说那时，婚礼过后的几天内，新娘都要穿白色衣服。一身白色衣服不仅象征着纯洁无瑕，同时也意味着新娘子在决定离开娘家的时候，已经为未来可能出现的坎坷生活做好了心理准备。之后随着时间的推移，新娘穿白色衣服的时间越来越短。发展到今天，新娘只有在结婚仪式上才穿白色礼服。而在战争中，举白旗是一种仪式，宣告了战败一方求和或者投降，这又是为什么呢？其实这里白旗的含义是："我们认输了，你们可以在我们的旗上涂上你们的颜色。"

当色彩的象征意义逐渐被社会大众接受并广泛流行后，人们就对其产生十分敏锐的联想，比如，绿色——和平。然而，在不同文化背景下，同一种色彩可能有着迥然不同的含义与象征，比如在日本，紫色一直是高贵、典雅的象征；但在罗马天主教会中，紫色是苦恼与忧愁的代表；而在荷兰，紫色又象征毒药与不幸。所以，不同的文化会养成人们独特的色彩感觉。

20 为什么浅色系的物体会让人觉得轻飘飘？

真是奇怪了，色彩怎么可能有重量？但是不可否认，有些颜色的物体看起来比较重，有些颜色的物体看起来比较轻。不信？就让下面的实验证明给你看吧。

假设你面前有一白一蓝两个皮包，形状、大小、材质完全一样。那么，哪只包会给你分量更重的感觉呢？毋庸置疑，你肯定会选蓝色的那只。假如再把这只蓝色的皮包和一只形状、大小、材质完全相同的黑色皮包放在一起，对比之下，你一定又会感觉那只黑色的包比蓝色包重。而实际上，这三只包的重量是一样的，只是由于不同的颜色给人造成了重量上的差异感。

那么颜色给人们造成的重量感知上的差异到底有多大呢？已有人通过实验对此进行了研究。结果表明与白色的箱子相比，黑色的箱子看上去要比它重 1.8 倍。此外，研究还发现即使是相同的颜色，不同的明度下也有重量感知差异，例如，大红色物体比粉红色物体看上去更重。

一般来说，浅颜色密度小，有一种向外扩散的运动现象，给人质量轻的感觉；而深颜色密度大，给人一种内聚感，从而造成分量重的感觉。颜色的这种特性在工业生产和日常生活中都得到了许多的运用。你发现了吗，一些大型的物流公司开始把自己的包装箱统一为白色，就是考虑到白色能使人感觉更轻，以此来减轻搬运工人的心理负担。

21 为什么快餐店的装潢多是红色的？

颜色有许多神奇的魔力，能对人的感觉产生巨大的影响。除了会混淆重量感知，它还能影响人对时间快慢的判断呢。让我们来看一个有趣的小实验。

在日本设计师原田玲仁所著的《每天多一点色彩心理学》中记载了这样的实验：让一个人进入红色装潢的房间，另一个人进入蓝色装潢的房间，不给他们任何计时工具，让他们凭感觉在一小时后从房间里出来。结果，进入红房间的人只待了 40 分钟就出来了，而进入蓝房间的人待了七八十分钟才出来。这个实验说明，色彩会影响我们对于时间的估计。

这也就解释了为什么我们熟悉的一些快餐店，像麦当劳、肯德基，餐厅的装潢都是以红色、黄色等鲜亮的颜色为主，这类鲜亮的颜色会给人心情愉悦、精神振奋的感觉，同时也能有效地促进食欲，但也会让人觉得时间漫长、心情急躁。运用这样的色彩，可以有效促进顾客的流动性，最大化地增加快餐店的效益。当然，这也是为什么不宜选择快餐店等人的缘故。

还有另一个例子可以证明颜色对时间的影响。时下流行的潜海运动中，人需要携带氧气瓶下水。按照标准，一个氧气瓶大约可以持续供氧 40—50 分钟，但是大多数潜水者将一个氧气瓶的氧气用光后，却感觉在水中只下潜了 20 分钟左右。究其原因，还是与颜色有关：人置身在一个被海水包围的蓝色世界中。蓝色麻痹了潜水者对时间的感觉，使他感觉到的时间比实际的时间短。

充分利用颜色能混淆时间的这一特点，也能提高我们的工作效率。比如长时间的会议和课程常常给听众带来困扰，为了提高听讲的效率，让参与者更加轻松地度过会议、课程，教室或者是会议室可以以蓝色为基调进行装修，用蓝色的窗帘、桌椅或者壁纸来装饰，在这样的环境下听众会觉得时间过得更快，自然就不容易感到厌烦了。

22 同样的东西，为什么浅色的看起来更大一些？

你听说过"膨胀色"和"收缩色"吗？有些颜色，比如红色和橙色能让物体看起来比实际的样子大一些；而另一些颜色，比如蓝色和绿色，则能够让物体看起来比它实际的样子小一些。这种说法正确与否？不如让我们做一个简单的小实验来验证一下。

拿出一张白纸，裁出边长、面积完全相等的两个正方形。接着，把其中一个用黑色水彩笔涂成全黑的颜色。这时候，你会发现一个有趣的现象，白色正方形似乎比黑色正方形看起来面积大。而实际上，这是两个面积完全相等的正方形。

这种因为心理因素导致物体的表面积看上去大于色彩实际面积的现象叫作色彩的膨胀性；反之，则叫作色彩的收缩性。与此对应，能给人膨胀感或收缩感的颜色则被称为膨胀色（expansive color）或收缩色（contracting color）。

一般而言，暖色调属膨胀色，冷色调属收缩色。不过，也有研究指出，色调不是决定色彩膨胀与收缩的唯一因素，明度也对它有影响。粉红色作为红色系中明度较高的颜色，是很明显的膨胀色，有种能将物体放大的效果；冷色系中明度较低的颜色，比如藏青色，则能够将物体缩小，就是收缩色。明度为零的黑色更是收缩色的代表。生活中，如果你注意观察，就会发现身材较胖的人穿黑色、深色的衣服会看起来比平时显瘦，而穿白色衣服的时候看起来会显得更胖，这正是由于黑色收缩、白色膨胀而产生的效果。可见，掌握了色彩视觉的心理规律，也可以让我们变得更加完美哦。

23 为什么广告牌的颜色大多是鲜艳的？

膨胀色能够使物体看起来更大，收缩色能够使物体看起来小一些。除此以外，你知道颜色还有别种效果吗？

咱们再来做个小实验吧。如果等距离看两种颜色，会产生不同的远近感。比如，同样是距离你3米的两面黑色背景的墙上，分别印着黄色和蓝色的图片。请你判断，是黄色离你近还是蓝色离你近呢？

你一定会觉得黄色离你较近，蓝色离你较远。而实际上，它们和你的距离都是 3 米。为什么你会产生这样的主观感觉呢？

这是因为黄色和蓝色的这种特性让你产生了不同远近的感觉。原来，色彩中还有"前进色"（advancing color）与"后退色"（receding color）之分。在色彩中，有的颜色看起来给人一种凸起的感觉，称为前进色；相反的，有的颜色看起来有凹陷的感觉，称为后退色。在前面的实验中，黄色就是前进色，而蓝色是后退色。

一般来说，暖色较冷色更富有前进的特性。前进色一般是高彩度的颜色，如红色、橙色、黄色等暖色都是前进色；而后退色主要是低彩度的颜色，包括蓝色、蓝紫色等冷色。

前进色与后退色的效果在众多领域得到广泛的运用。例如，我们看到的一些商业广告牌就大多使用红色、橙色等前进色，这些颜色不仅醒目，而且有凸出的效果，能够让人在远处一眼就看到。如果商家在同一个地方立两块广告牌，一块为红色，一块为蓝色，从远处看，红色的那块就会显得近一些。此外，在商品宣传单上，正确使用前进色可以突出宣传效果。通常在宣传单上，把优惠活动的日期和商品的优惠价格用红色或者黄色的大字显示，会产生一种冲击性的视觉效果，相信很多顾客无法抵挡优惠价格的诱惑。前进色与后退色在绘画、建筑等行业的运用也十分普遍。

24 为什么我们会看颜色挑水果？

"记忆色"一词最早由德国生理学家赫林（Ewald Hering, 1834—1918）提出，它指的是人类视觉系统获取的储存在长时记忆系统中的颜色。记忆色是人们长期观察的结果，它与具体的物体相联系，常见的记忆色有草的绿色、天的蓝色、秋天树叶的颜色、苹果的颜色等等。

记忆色（memory color）与"固有色"（intrinsic color）是相对应而存在的颜色。固有色是物体实际的颜色，记忆色是人们对所熟悉的物体颜色的一种主观印象。如果离开了具体物体，颜色就不是记忆色了。

由于肤色、绿草、蓝天、大地等景物颜色是最常见的颜色，因而这些颜色也成为记忆色的典型代表。人们对这些颜色的评价往往是根据他们记忆中的印象去衡量的。只有当被还原的物体的颜色与记忆色相匹配时，人们才会感到满意。

记忆色与具体物体相联系，但不一定与物体的颜色完全一致。比如，人们记忆中大海的颜色就远比自然中大海的颜色要蓝；还有，人们记忆中苹果的颜色总比实际的苹果颜色更好。在物体的固有色与记忆色之间，不同的人有不同的接受度。一般而言，物体与人们的记忆色越接近，人们对其接受度越高；而与记忆色不一致的物体，人们对其接受度就低。

记忆色的这种特点影响着我们日常生活的方方面面。根据记忆色，人们在市场里挑选到满意的水果；根据记忆色，人们在商场里挑选到与某件衣服相搭配的帽子；根据记忆色，我们很快判断出某些摄影作品是否偏色。此外，在印刷行业中记忆色也发挥着重要的作用，我们往往根据记忆色来挑选印刷品、评价它们的质量。比如，球迷们在评价一幅有乔丹图像的海报时，往往是在比较画中乔丹的肤色和记忆中非裔美国人肤色的色彩，如果二者色差很小，那么他就会觉得这张海报质量较好。

25　为什么刚进电影院时会经历几分钟"暗转明"？

可能大家都有过这样的经验：去电影院看电影，如果电影已开场，那么你刚走进去时，会感到一片漆黑什么也看不见，只能扶着椅

子慢慢往前走，过了片刻，才能渐渐看清楚里面的椅子和人。这个短暂而奇特的过程，在心理学上就叫作"暗适应"（dark adaptation）。

为什么会出现这种现象呢？这就要说到视网膜内视紫质的功能和影响。正常情况下，人的视杆细胞需要通过视紫质的积累来获得感光度，但视紫质的积累需要一定的时间。因此，从明亮处进入黑暗的地方，人们想要看清东西就需要一定的时间。

和看电影相反，当我们从黑暗的房间里突然走出来，或半夜醒来时突然灯光通明，这时我们的双眼一下子承受不了，不得不把眼睛眯起来，甚至闭上几秒钟，形成暂时失明状态，慢慢地我们才能再睁开双眼，恢复正常视觉。这种从暗处突然进入亮处，双眼逐渐对亮光的适应过程，就叫作"明适应"（light adaptation）。在黑暗的地方，我们积累了很多视紫质以适应黑暗环境，但突然进入明亮的地方后，太多的视紫质会导致感光度太强，使我们感觉刺眼。不过，视紫质会在光的作用下分解。过了一会儿，视紫质的量就恢复到了普通水平，我们便能正常看东西了。由于视紫质的分解速度比积累速度快，因此人的明适应也比暗适应来得快。一般而言，暗适应是一个较缓慢的过程，大约需要 30 分钟，有时甚至需要近一个小时；而明适应则是一个快速的过程，通常不到 1 分钟就可完成。

26 为什么有些人的世界没有颜色？

在体检的时候，眼科医生都会问，在这色彩斑斓的图上（见本书插图页第 1 页下图）你看到了什么数字或字母。那么这些涂满了不同颜色的小圆圈到底是做什么用的呢？

也许你已经猜到了，没错，这些图片是用来检查你是否"色盲"的。乍听之下，觉得很恐怖——色盲是不是盲人？不必紧张，色盲在视野上完全没有问题，只是在辨认颜色上有些障碍而已。

色盲是一种很常见的遗传性色觉障碍疾病，其根源是因为视网膜上缺了某些感觉颜色的细胞。通常色盲患者在有明确的自我了解的情况下不会影响生活，只不过他（她）所看到的世界的颜色和常人不太一样罢了。

色盲有多种类型，最常见的是红绿色盲。根据三原色学说，可见光谱内任何颜色都可由红、绿、蓝三色组成。能辨认三原色的都为正常人，三种原色均不能辨认的称全色盲，辨认任何一种颜色的能力降低者称色弱，主要有红色弱和绿色弱，还有蓝黄色弱。如有一种原色不能辨认的称二色视，主要为红色盲与绿色盲。

全色盲属于完全性视锥细胞功能障碍，与夜盲（视杆细胞功能障碍）恰好相反，患者尤喜暗、畏光，表现为昼盲。七彩的世界在他们眼中是一片灰暗，如同观看黑白电视一般，仅有明暗之分，而无颜色差别，而且所见红色发暗、蓝色发亮，此外还有视力差、弱视、中心性暗点、摆动性眼球震颤等症状。它是色觉障碍中最严重的一种，这类患者较少见。

红色盲又称第一色盲。主要是不能分辨红色，对红色与深绿色、蓝色与紫红色以及紫色不能分辨。常把绿色视为黄色，紫色看成蓝色，将绿色和蓝色相混为白色。曾有一老成持重的中年男子买了件灰色羊毛衫，穿上后招来嘲笑，原来他是位红色盲患者，误将红色视为灰色。

绿色盲又称第二色盲，患者不能分辨淡绿色与深红色、紫色与青蓝色、紫红色与灰色，把绿色视为灰色或暗黑色。某美术训练班上有位画画很好的小朋友，总是把太阳绘成绿色，树冠、草地绘成棕色，原来他是绿色盲患者。临床上把红色盲与绿色盲统称为红绿色盲，这类患者较常见。我们平常说的色盲一般就是指红绿色盲。

蓝黄色盲又称第三色盲。患者对蓝、黄色混淆不清，对红、绿色可以辨认，这类患者较少见。

我国现行的驾驶员管理办法自 1996 年实施至今，一直禁止红绿色盲的人申领机动车驾驶证。美国、日本、英国、法国、德国等国家在驾驶证申领环节同样设置了严格的视力条件，如美国要求申领人有辨色能力，能够识别标准红、绿、黄颜色，英国要求申领人通过辨色力测试。虽然现在越来越多的人对这一规定表示质疑，认为色盲的人不应该被终生剥夺驾驶机动车的权利，但从保障道路交通安全、保护群众生命安全的需要来看，能辨识红绿颜色在很长一段时间内仍然是驾驶人安全驾车的前提之一。

27　为什么焰火能停留？

　　当你在晚间看书时，可以尝试做一个实验，即双眼注视远处的灯光 1 分钟，同时用书作为你眼前的屏幕，上下迅速移动你的双眼。这时你会发现，远处的灯光并不因为你眼前书本的隔离而有间断的感觉，反而是很清晰地出现在书本上。

　　这就是心理学上很经典的"视觉后像"（visual afterimage）。它是指光刺激作用于视觉器官时，细胞的兴奋并不随着刺激的终止而消失，并能保留短暂时间的一种现象。同样的例子还出现在我们看焰火的时候，由焰火引起的光觉与色觉，在焰火熄灭后，仍然会暂时留存在我们的视觉经验中，因此我们仿佛感觉到烟花在空中停留。（参见本书插图页第 2 页上图）

　　视觉后像有正后像与负后像之分。正后像是与原来刺激相同的感觉印象，负后像是与原来刺激相反的感觉印象，比如，明亮部分变为黑暗部分，黑暗部分变成明亮部分。如果看到的是一个有颜色的光刺激，则负后像就是原来注视的颜色的补色（例如你注视一个红色的物体，之后你就会看到绿色的后像出现）。正、负后像的发生是由于神经兴奋所留下的痕迹的作用。

视觉后像出现在刺激消失后，是暂时的、不稳定的，它出现的时间长短取决于视觉刺激的强弱和持续时间。最初出现的视觉刺激越强，视觉后像呈现的时间也就越长。我们看的电视、电影正是运用了视觉后像的原理。当胶片以 24 张 / 秒的速度放映时，视觉的残留后像会使我们产生错觉，从而误认为画面是连续播放的。

28　为什么浅色和深色放在一起会显得更浅？

同一感觉器官接收不同的刺激而使感受性发生变化的现象，叫"感觉对比"（sensory contrast）。感觉对比可以分为同时对比和继时对比两种情况。当几个刺激物同时作用于同一感觉器官时，引起感受性变化的现象叫同时对比，这在视觉中表现得很明显。例如，把一个灰色的小方块放在白色的背景上，看起来小方块就显得暗些；把相同的灰色小方块放在黑色的背景上，看起来就显得明亮些，这就是同时对比的结果。当几个刺激物先后作用于同一感觉器官时，引起感受性变化的现象就叫继时对比。例如，吃梨的时候会觉得梨很甜，可是吃了糖再接着吃梨，会觉得梨变酸了；注视红色物体后再看白色物体，会感到白色物体有点带绿色，这就属继时对比。

视觉对比是由光刺激在时空上的不同分布引起的视觉经验。具体可分成明暗对比和颜色对比两种。当两种不同颜色或不同明度的物体并列或相继出现时，我们的视觉感觉会与物体以单一颜色或单一亮度独立出现时不同，即无色彩的视觉对比会引起明度感觉的变化，即明暗对比；有色彩的视觉对比则会引起颜色感觉上的变化，使颜色感觉向背景颜色的互补色变化，即颜色对比。

注视下边的图形，你有什么发现？

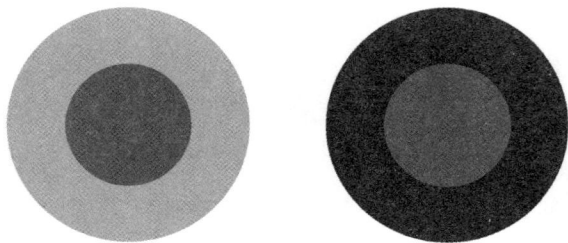

你会明显地感觉到，两个圆中间的灰色区域看上去彼此有很大的不同，左边的更黑一些，右边的更淡一些。可是，它们的灰度实际上是一样的。这是由于中间颜色与背景颜色的对比使我们产生了错觉。你可以用很简单的方法来验证一下：请把一张纸卷成一个细长筒，把长筒先对着左边的图中央，确保你的眼睛只能看到中间的灰色区域，然后再对着右边的图中央，你就可以发现两幅图中央的灰度是一样的，这个现象是不是很奇妙？

我们能够看到物体的轮廓或者形状，能够区分它们，这是由于物体间的明度存在着对比。在漆黑的房间内，伸手不见五指，正是由于对比消失的结果。

颜色也有对比效应。一个物体的颜色会受到周围物体颜色的影响而发生色调的变化。例如，将一个灰色圆环放在红色背景上，圆环将呈现绿色，放在黄色背景上，圆环将呈现蓝色。总之，对比使物体的色调向着背景颜色的补色的方向变化。（参见本书插图页第 2 页下图）

29　为什么孩子会认为从瓶子倒进碗里的牛奶变少了？

5 岁的瑶瑶看到妈妈在厨房里忙，便走了进去。厨房的桌子上放着完全相同的两瓶牛奶。她看到妈妈打开其中一瓶，把里面的牛奶倒进一只碗里。她的眼睛滴溜溜地转，目光从那只仍装满牛奶的瓶子转回到碗上。这时妈妈便问："瑶瑶，是瓶子里的牛奶多呢，还是碗里的牛奶多？"瑶瑶可能回答：

瓶子里的多；

碗里的多；

一样多。

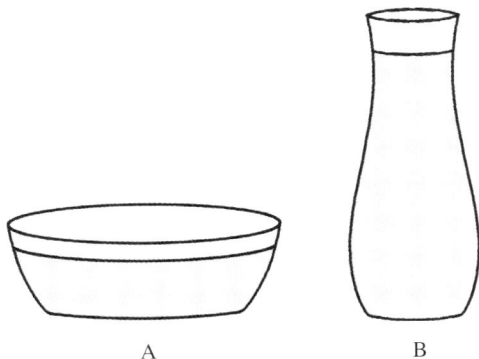

A   B

事实上，瑶瑶很可能会认为瓶子里的牛奶比碗里的多。

一般来讲，孩子到了 7 岁左右才会明白同一瓶液体不管倒到什么地方体积都是不变的。这在心理学上叫作液体质量的"守恒"。瑶瑶只有 5 岁，当她看见瓶子里的牛奶比碗里的牛奶液面高很多时，她会认为瓶子里的牛奶较多。因为 5 岁的孩子还没有获得关于物体质量"恒常性"的概念。孩子慢慢长大后，不仅能够意识到物体独立于他们而存在，还能学会区分多和少、大和小，学会运算。

心理学家皮亚杰观察到，一个典型的 6 个月大的婴儿会开始注意一个好玩的玩具，但是如果一个帘子挡住了视线，他很快就会对物体失去兴趣。儿童生命的早期，用眼光来追随物体，当物体消失在视野中的时候，他们会移开目光，就好像物体从他们的心中消失了一样。这时的儿童还未获得关于客体恒常性的概念——即他们还不了解物体可以独立于他们的行为和知觉而存在或运动。到 8—12 个月大时，儿童会开始搜索消失的物体。到 2 岁时，儿童已经能够"肯定"地意识到，"消失的物体"仍然存在着。

除了物体质量守恒，还有关于物体形状的恒常性。从不同角度看墙上的圆形挂钟它可能会变成椭圆形，然后随着角度的偏移，这个椭圆变得越来越窄，直到最后变成一个细长的长方形。但是，我们知道，不论是在任何一个方位，无论在我们眼中看到的是什么形状，我们都会把它知觉为一个圆形的挂钟，而不是其他形状。

30　为什么在黑暗中看恐怖片觉得更恐怖？

感觉的相互作用在生活中十分常见。比如，你在看一部警匪片，剧情即将发展到高潮：黑暗的夜里，警察和罪犯即将决一生死。在这剑拔弩张的时刻，节奏紧张的音乐响了起来，伴随着愈发昏暗的灯光，镜头开始拉近，剧中人物的动作逐渐变得越来越慢。于是周围的人都屏住了呼吸，在这紧张的音乐和画面渲染下，你也开始紧张起来，身心都被人物的命运紧紧牵动着。

很好，在这个过程中你已经体验到了感觉的相互作用。灯光，加上音乐、周围人的影响，你被成功地带入电影的剧情里，身临其境般地感受到惊险和刺激。大多数成功的电影都非常善于运用感觉的相互作用来渲染气氛，达到效果。比如听觉和音乐结合，配合着剧情的需要制造出或紧张或浪漫的场景感。

我们的视觉、听觉、味觉、触觉感受器收到外界的物理刺激，从而使得我们有不同的感觉。但是，这些感觉通道并不是独立地接受刺激的，不同的感觉通道之间会发生相互作用，从而使感觉或感受发生变化。

一般来说，在适当的条件下，不同感觉通道之间多少会有不同程度的相互影响。通常是：对一种感觉的弱刺激会提高另一种感觉的感受性，而强刺激会降低这种感受性。比如，给一点微弱的声音刺激就可以提高对颜色的视觉感受性；给一点光刺激就可以提高听觉的感受性。

很多爱看侦探片、恐怖片的人都喜欢把自己关在一个房间里，拉上窗帘、关上灯，戴着耳机来看影片。他们说这样才能让自己完全置身于电影所描述的场景，去完整体验其中的氛围。他们的观影过程就是充分利用了视觉、听觉的感觉组合，来达到想要的效果。而且，你会发现，不论多么恐怖紧张的电影画面，如果你只看画面不听声音或只听声音不看画面，这种紧张感会大大减弱。这充分说明了视—听结合的作用效果。

而今，随着电影技术的发展和娱乐市场的需求，人们不仅将震动、坠落、吹风、喷水、挠痒等特技引入 3D 影片——也就是我们通常所说的立体电影，而且还根据影片的情节精心设计出烟雾、雨、光电、气泡、气味、布景、人物表演等效果，形成了一种独特的表演形式，这就是当今十分流行的 4D 影院。由于 4D 影院中电影情节结合了各种特技效果，所以观众在观看 4D 影片时能够获得视觉、听觉、触觉、嗅觉等全方位感受，更多感觉通道之间的相互作用给观众带来了更加美妙的观影体验。

此外，感觉的相互作用还被运用于医疗中。有的牙科诊所把音乐和噪声以特定的方式组合起来给牙科病人听，这样会使病人的疼痛得以减轻。

31　为什么盲人的听力特别好？

翻看励志故事，在那些身残志坚的伟大人物中，有一个人你一定不会忘记，她就是 19 世纪美国的盲人女作家海伦·凯勒。她在婴儿时期因疾病致盲致聋，在安妮·沙利文老师的鼓励和帮助下，她自强不息，以顽强的毅力，掌握了英、法、德等 5 国语言，完成了一系列著作，并致力于残疾人事业，成为一名优秀的作家、教育家、慈善家、社会活动家。

你一定曾惊叹：没有视觉和听觉的她，是如何来学习知识、如何与外界进行交流的呢？她怎么来了解这个世界，怎么来书写她的世界、她的思想呢？事实上，她的阅读和写作全靠触觉来进行。她通过双手去感受别人说话时嘴型的变化，以及鼻腔吸气、吐气的不同，来学习发音，直到最后突破了功能障碍学会说话。

海伦·凯勒的这种因为视觉、听力丧失而使得触觉敏感于常人的现象，叫作"感觉补偿"（perception compensation）。

感觉补偿通常发生在人的某种感觉能力丧失后。由于某种感觉能力丧失，为适应生活的需要，其他感觉能力获得突出的发展以起到部分弥补作用。留心观察，你会发现，生活中的感觉补偿现象并不鲜见，比如：盲人没有视觉，但可以通过触觉来阅读，而且他们的听力特别敏锐；聋人听觉缺失，但可以靠视觉来"听"（手势语）。人的不同感觉之间是能够产生补偿作用的，有了感觉补偿，才让那些存在生理缺陷的人能够较为顺利地生活。

32　音乐有颜色和味道吗？

你和朋友一起去听钢琴演奏，在布置考究的音乐会场，你们惬意地坐在座位上用心聆听钢琴传出的美妙音律。慢慢地慢慢地，你们渐入佳境，随着优雅的琴声行云流水般穿过你的耳朵，你仿佛置身于绚丽多彩的花丛中，紧接着，你好像闻到了花的芳香……

　　这种奇妙的感觉你可能似曾相识。这不是一种幻觉，可是你又觉得有些奇怪，你只是听到了音乐，为什么却好像看到花、闻到花香？

　　你所体验的这个过程在心理学上称为"联觉"（synesthesia）。它是指不同感觉间相互作用的现象，即当一种感觉的感受器受到刺激时，另外的感觉通道也产生了感觉。例如听觉伴随着景象而生，或者是将文字、图形、数字、人名等事物和味道、颜色、口味等感觉连在一起。

　　根据感觉通道的不同组合，联觉也分成不同的类型。最常见的有声音—颜色联觉（如你听着钢琴曲看到了五颜六色的花），声音—嗅觉联觉（如听着美妙的音乐你闻到了花香），这两种都是由听觉引起的联觉。此外，还有由视觉引起的联觉，比如颜色—温度联觉（红、橙、黄色会使人感到温暖，所以这些颜色被称作暖色；蓝、青、绿色被称作冷色）；视觉—味觉联觉（当我们看到做工精美的食物时，由视觉联系到味觉，会对食物产生美味的感觉，虽然还没吃，但已经食欲大增了）。

　　由于联觉能够引起不同感觉通道的感受，这个规律也被广泛地运用于建筑、装潢、广告等领域。比如餐饮美食的广告中，通常运用视觉—味觉联觉来增强广告效果，看到精致考究的食物，消费者不知不觉中就觉得食物一定很美味。还有些画家进行过联觉实验，比如用鲜明的色调对比引起一种非视觉的反应。联觉还被许多诗人用作一种创作手段，如法国诗人波德莱尔的名句"有些芳香如童肤般鲜嫩，双簧管般轻柔，草地般翠绿"（《应合》）。不妨想象一下，如果声音能用视觉感知，而味道能用听觉感知，那将是什么样的情景。你会看到带颜色的音符，品尝到甜的或咸的歌曲，触摸到粗糙的乐曲。这是幻想吗？不，完全不是。

33 加多少糖，你才会尝出甜味？

机械加工厂的火灾报警器声音要多响才能让工人们在喧嚣的机器声中听到它？咖啡中加多少糖才能让顾客感觉到甜味？家里客厅天花板上的灯要多亮才能看起来比卧室的灯亮两倍？为了回答这些问题，我们必须测量感觉体验的强度。这也是心理学的任务之一。

我们的感觉器官能够觉察到的最小、最微弱的刺激是多少？例如，刚刚能够让人听到的声音到底有多轻柔？这就可以用心理学上的"绝对阈限"来解释。绝对阈限（absolute threshold）是指产生感觉体验所需要的最小的物理刺激量。

在心理学领域，研究者们测量绝对阈限的方法是：要求清醒的观察者完成一些观察或者听力任务。比如在黑暗的环境中观察昏暗的灯光，或者是在安静的环境里听轻柔的声音。在每一次的测试中都给观察者呈现不一样强度的视觉或听觉刺激，而且每一次测试中观察者都要回答在某个强度水平上他（她）是否觉察、意识到刺激。

通过这种方法我们可以测试不同感觉通道的绝对阈限值。对于同一感觉通道而言，不同个体的绝对阈限值也会有许多不同——即如果A的听觉阈限值是 1 分贝，对 B 来说他的听觉阈限值可能是 2 分贝。并且，不同感觉通道的绝对阈限值大小也有差异。

经过归纳综合，研究者们得到了一些相似事件的近似绝对阈限值，即在这些感觉通道上，人们能够觉察刺激存在的刺激强度值，见下表：

感觉通道	觉察绝对阈限
视觉	看到晴朗夜空下 30 英里外一支燃烧的蜡烛
听觉	安静条件下听到 20 英尺外手表的嘀嗒声

十万个为什么·人文社科

（续表）

感觉通道	觉察绝对阈限
味觉	两加仑水中加一匙糖可以辨出甜味
嗅觉	闻到散布于 3 个居室中一滴香水的气味
触觉	感觉从 1 厘米高处落到脸颊上的蜜蜂翅膀

（据梁宁建：《心理学导论》，上海教育出版社 2006 年版，第 124 页）

34 再加多少糖，你才能感觉到不一样的甜味？

有一家正在成长的饮料公司，他们想要生产一种红茶饮料，口味比市场上现有的红茶稍微甜一点，但是为了省钱，这家公司想尽可能少地在红茶里面加糖。如果你是这个红茶项目的负责人，是不是觉得公司给你提出了一个苛刻甚至不可能完成的任务？

怎么办？别急，借助心理学你能够找出答案。在这里，通过测量"差别阈限"（differential threshold）就可以解决上司抛给你的难题。差别阈限是指人能够识别出的两个刺激之间的最小物理差异。为了测量人们对红茶甜度的差别阈限，你可以使用一对（两个）刺激，并要求品尝者判断这一对刺激是否相同。

具体方法是：每次给品尝者两种红茶，一种是标准的红茶（即市场上现有的），一种是稍稍甜一点的红茶。品尝者每次要回答二者味道相同或者不同。多次实验下来，你会得到品尝者关于二者相同或不同的一系列的数据，并根据这些数据画出心理测量函数图，纵坐标为不同反应的百分数，横坐标为实际差异。最后就可以计算出差别阈限了。

此处对差别阈限的操作性定义是：有一半的次数被觉察出差异的

刺激量，也被叫作最小可觉差。假设这个实验结果显示差别阈限是 1 克，意思是有 50% 的实验次数中该品尝者觉察出一杯红茶里面放 10 克糖和 11 克糖的差异。

但是，人们的差别阈限并不是在所有情况下保持恒定的。随着标准刺激的变化，人们的差别阈限值也会发生变化。比如，在一个关于长度的差别阈限测量中。以 10 毫米的小棒为标准刺激时，被试 A 的差别阈限值是 1 毫米，即有 50% 的实验次数中 A 觉察出 10 毫米的小棒和 11 毫米的小棒的差异。然而对于标准刺激为 30 毫米的小棒，被试 A 往往是不会觉察出 1 毫米的增量所带来的差异的。为了使 A 觉察到差别，你需要把这根 30 毫米的小棒增加约 3 毫米才行。同理，如果标准刺激是 50 毫米的小棒，那么差别阈限值就大约为 5 毫米。

35　为什么喧闹的白天听不到手表的嘀嗒声？

生活经验告诉我们，视觉具有明适应和暗适应的特点。其实感觉系统中不止是视觉，听觉和味觉甚至嗅觉等也都有适应性。

如果你在热闹嘈杂的环境中（比如背景音量大的 KTV、热闹的晚会现场）待了一段时间之后，走出那个环境时你会感觉耳旁有嗡嗡的响声，听不清楚旁人说的话，自己说话的声音也不由得提高了几个分贝，突然发现自己的听力反应好像变得迟钝了。而在安静的环境里休息几分钟之后，这种状况就好转了。相反的，当夜深人静的时候你躺在床上，突然觉得自己的听力异常灵敏——自己的心跳声都听得一清二楚，还有手表秒针走动的嘀嗒声。你不得不惊叹，听觉的变化范围真是神奇。

为什么会有这种现象？作为与视觉适应相对应的概念，这叫作

"听觉适应"。相对视觉适应性而言，人的听力适应性转换更为迅速。视觉、听觉等适应现象在心理学中统称为"感觉适应"——外界的刺激作用于感受器而使得其感受性发生变化。也就是说，当我们持续面对同一刺激的时候，感受器的感受性逐渐发生变化，直至稳定在与该刺激相应的值上。感觉适应是感觉机能的熟练或疲劳现象，当刺激水平提高时，感受性降低，当刺激水平降低时，感受性提高。因此，在嘈杂的环境中待的时间长了，导致耳朵适应了嘈杂环境中的刺激，使得"听觉阈限"（auditory threshold）——人能够产生听觉感受的最小的声音刺激量提高、感受性降低，一旦突然离开会觉得平时正常的说话音量好像变小了。相反的，当你的耳朵适应了安静的环境，听觉阈限值降低、感受性提高了，这时候一点细微的声响都会听得异常清晰，"安静得连一根针落地都可以听到"正是对这种情景最合适的描述。

虽然我们的听觉有比视觉更为敏捷快速的适应性，但不可忽视的是在一些情况下，极端的听力刺激也会给听觉感受器造成不可修复的损伤。比如长期处在 90 分贝以上的噪声环境中，会使听力受到严重影响并产生神经衰弱、头疼、高血压等疾病；长时间受 120 分贝以上音量的刺激，听觉细胞就会受到永久性的破坏，严重者还会造成听力丧失；如果突然暴露在高达 150 分贝的噪声环境中，鼓膜会破裂出血，双耳完全失去听力。因此，为了保护我们的听力，必须学会让我们的耳朵暴露在合适的环境中，并得到适宜的休息。

36 为什么我们明明不觉得饿，却还是想要吃东西？

你是否有这样的体会：肚子明明已经没有饥饿的感觉了，可是你的大脑中仍然有一个声音在对你说"我还想吃"，于是你又拿起了碗筷，把食物往你的嘴里送，等到你停下来的时候肚子已经胀得不行了。其实你没有意识到，这时候是你的"假食欲"在捣鬼呢。

你也许会觉得奇怪，难道食欲也有真假之分吗？你说对了，我们的感觉常常会欺骗我们，食欲也不例外。所谓的真食欲，指的是由于生理上的饥饿感而产生的进食需求，也可以称为本能食欲。当我们腹中空空，胃部收缩的时候，下丘脑的摄食中枢就会发出信号，生理上的饥饿感就会产生，促使我们进食，这是不受我们意识控制的。而满足了生理上进食的需要，我们仍然有想要吃东西的冲动，是因为精神上的食欲，也就是所谓的假食欲还没有得到满足。在日常生活中有时候很难区分出真假食欲，我们往往根据大脑的指示而选择进食或停止食物摄入，而很多时候我们虽然满足了精神上的食欲，但是生理上已经超出了正常承受水平。

引发假食欲的因素有很多，最常见的就是食物这个最直接的诱因。我们一旦碰到了自己喜欢吃的或者非常美味的食物时，总是禁不住诱惑去品尝，而一旦品尝之后就很难再停下来。这时我们满足的就是假食欲的需要，虽然我们生理上已经不再需要食物的补给，但持续的进食能让我们在精神上产生满足感和愉悦感，所以即便人们意识到了假食欲的存在，也很少会去阻止它。想要减肥的朋友如能有意识地区分真假食欲，就可以达到既控制食物摄入又不损害身体健康的目的。

需要特别注意的是，还有一种假食欲是由不良情绪引起的。当有些人处于焦虑或郁闷的状态时，会控制不住地暴饮暴食，即使生理上已经产生了抗议也不能让他的进食活动停下来，而进食并不能有效地缓解他的情绪。如果长期如此，因肥胖而产生新的焦虑，那么就会陷入一个可怕的循环，很多暴食症患者就是由此产生的。对于这样的患者我们首先应该进行情绪疏导，让他们放松下来。

37 为什么你未看到的事物却在影响着你的选择？

1957 年，美国新泽西州的一家电影院在电影正常播放的时候，每隔 5 秒以 3/1000 秒的速度在一个活动的屏幕上呈现信息"请吃爆米花"和"请喝可口可乐"。以这样的速度所呈现的信息观众是丝毫觉察不到的，观众在意识层面上并没有主动地对这些信息进行加工。但它却带来了出乎意料的结果——影院周围的爆米花和可口可乐的销售量分别增加了 57% 和 18%。

我们知道，外界刺激必须达到一定的强度，才能被人意识到，人们才能听清楚、看明白，这一强度就是意识阈限。低于意识阈限的刺激，人们不能清楚地意识到，但仍然会有反应，这种情形叫作"阈下知觉"（subliminal perception）。新泽西这家影院里所呈现的广告是观众们所无法觉察的，因此被称作阈下广告，也叫作隐性广告。从 20 世纪 50 年代开始，阈下广告受到了越来越多广告商的关注，也在一些广告中得以应用。我们不能因为人们没有感觉到这些东西而忽略它们的存在，相反，它们是人类精神世界的基础和人类外部行为的内部动力。许多广告的成功，就在于它诱发了很多人没有注意到的、同类产品广告中没有说出来的消费者的潜在需要。在消费者的购买活动中，大部分是潜在需要在发挥作用。据美国有关资料表明，消费者 72% 的购买行为是受朦胧欲望所支配的，只有 28% 的购买行为是受显性需要制约的。

由于担心阈下广告被不正当地使用，比如酒的生产厂家可能会利用这种广告激发人们潜意识中的欲望，引起人们酗酒，所以在许多国家都明令禁止使用阈下广告。虽然阈下广告没有得到推广，但其他变相的阈下潜意识的诉求却经常出现在媒体中。2004 年末，一部《天下无贼》红遍了大江南北，人们在对这部电影的情节和技巧津津乐道的同时，也对导演在电影中添加软广告的功夫十分佩服。在电影中，女二号在第一次出场时脖子上就挂着佳能最新款的数码相机，而这个品牌的数码摄相机也成了男女主角在第一场戏中的道具。同时，诺基亚手机、中国移动的标志、惠普笔记本电脑更是闪现在不同的场景中。观众在看电影的时候并不会对这些产品的信息进行复杂的加工，但在潜意识中已经受到了这些信息的影响。否则，精明的商家才不会掏出大把的钞票给电影的制片方呢。

38 为什么人睡觉的时候会做梦？

你经常做梦吗？你曾经因为不记得梦境的内容而苦恼吗？你好奇人为什么要做梦吗？……千百年来，占梦学家、心理学家、神经生物学家围绕着"梦"苦苦探索，并提出了形形色色的观点。

精神分析的鼻祖弗洛伊德是这样解释梦的：梦是无意识欲望的发泄与满足。他认为，人不停地产生着愿望和欲望，这些愿望和欲望在梦中通过各种伪装和变形表现和释放出来，这样才不会闯入人的意识，把人弄醒。也就是说梦能够帮助人排除意识体系无法接受的那些愿望和欲望，是保护睡眠的卫士。弗洛伊德的释梦理论自 20 世纪初提出一直流行到 60 年代，之后对梦的研究慢慢进入实验室并与生物学、神经科学等学科交叉。

从生理心理学的角度看，梦是人正常生理过程的一部分，每个人每天晚上都会做梦。梦是睡眠中自发的、无意识的心理活动，做梦时间约占每晚睡眠时间的 1/4，有的梦人醒后记忆犹新，有的梦人醒后却模糊不清或觉察不出。那些断言自己从未做过梦的人，只不过是忘记了而已。梦境影响睡眠质量，睡眠质量影响人的心理健康，因此梦境也影响人们的精力和心情，如果一个人晚上被剥夺做梦的权利，不

让其做梦，那人就会出现抑郁症状。相反的，做梦过多也会影响正常的睡眠，醒后头脑昏沉，精神恍惚，全身疲惫无力，梦境久久缠结于脑中，这也有损于身体的健康。

为什么睡眠时会做梦呢？首先，睡眠时做梦可以减轻疲劳并休整身体，睡觉的时候人的行动停止了，人体进入休整期。而且，睡梦期间能对所学的知识进行整理、分类与积累。白天的经历在睡梦中被我们的大脑根据时间顺序进行整理和回放，如"放电影"一般。有趣的是，历史上有很多发明都是发明者在睡梦中顿悟而来的呢，比如缝纫机的发明。此外，做梦还有助于保持良好的心情。白天有一些烦恼的事情，晚上睡一觉做做梦，早晨起来心情就好多了。

39 为什么有时候梦境会如此荒诞?

你是否有这样的经历:梦境中出现了让人匪夷所思的情节,但当你身处梦境的时候,并不觉得奇怪,等到睡醒了才意识到刚才做了一个多么荒诞的梦。这些看似不可思议、天马行空的梦境,其中是否有深奥的内涵呢?

20 世纪最伟大的心理学家弗洛伊德,在 1900 年发表了一本对后世产生深远影响的巨作《梦的解析》(*The Interpretation of Dreams*),他试图借助自己心理咨询的案例与经验,来对各种各样的梦境进行解释,这种心理咨询的方法就是著名的精神分析。

弗洛伊德在《梦的解析》中提出了他著名的观点:梦是愿望的满足。他认为,人对现实会有各种愿望,而其中有些愿望是现实中不可能实现的。这样人会处在压抑的状态,久而久之就会演变成心理疾病。当然,人自身也是具备调节的高级功能的。做梦就是释放人压抑欲望的一种方式。现实中不能实现的欲望,似乎往往是不被世俗文化所接受的,例如,你想要很多很多的钱,以至于想去抢银行。所以,即使个体在梦境中追求愿望的满足,依然会想要回避社会道德的判断,于是就用荒诞的梦境内容来掩盖背后隐秘的愿望。

随着神经科学的发展,心理学界也在不断刷新对梦的认识,梦境通过被更科学、更精确的仪器测量,从而分解成为一些神经的相互作用。梦不再是人单纯的愿望表达。

40 为什么在嘈杂的环境中,你还能注意到别人叫你?

这样的场景你是否感到非常熟悉:在嘈杂的人群中,你正和你的同伴激烈地争论着什么,突然你好像听到人群的另一边有人提到了你

的名字，你很想知道他们在说你什么，但是因为刚才和同伴讨论得太投入了，除了好像听到自己的名字外，别的什么也没听见，你不由得怀疑自己的耳朵出了问题。

这就是"鸡尾酒会效应"（cocktail party effect），它是由心理学家莫里在 1959 年提出的。他发现在一个人声嘈杂的社交场合，比如在鸡尾酒会上，一个人正在和别人交谈的时候，还是会注意到别人提到自己的名字。这其实是一个很反常的现象，当一个人专注于某一事物时，超出他注意范围的其他事情是很难引起他的注意的，就像你在看一部非常经典的电影时，你甚至都不会意识到时间的流逝。但是，人自己的名字却穿破了这种注意的保护屏障，让个体可以直接觉察到。这是我们注意力的特异功能吗？

让我们先来了解一下到底什么是"注意"。注意决定着注入认知过程的信息原料。也就是说，注意执行者选择的功能是一面"放大镜"。它把某些事物或者事物的某个特征"放大"，获得人完全的关注，同时又无视了其他的无关信息。注意对人的感觉、直觉、记忆、思维、想象等过程都有非常重要的意义。一般注意可以分为无意注意和有意注意。无意注意就是指，事先没有特别的目的，人不由自主地进行的一种注意，当然这种注意的程度也就相对较弱。而有意注意则是指有预设目的、需要作出一定努力的注意，比如，你集中注意力看书，它的强度也就相对较强。

注意的作用对人们来说至关重要，它像一个过滤器，通过人的主观控制把不需要的干扰信息排除在外，保证人可以集中所有的力量完成某一个任务。试想当你想要集中注意看书的时候，你却没有办法去忽略周围发出的各种声音——说话声、钟声，甚至旁边人呼吸的声音，这是一件多么恼人的事情啊！

而前面提到的"鸡尾酒会效应"其实是一个例外。你和别人进行交谈是有意注意，相对强度较大，而你听到旁边的人在叫你的名字，是无意注意，其本身的强度较小。之所以依然能被你感知到，是因为某些特别重要的信息，比如自己的名字，是可以穿透注意的过滤器，直接进入人的认知的。

41　为什么糖果能够舒缓痛苦？

有研究者观察发现，很多病人在报告自己的病状之余，经常会补上一句："不过，今天一来（医院）我就觉得好多了。"牙医约翰·杜斯在其 27 年行医生涯中，就常常遇到这种情况：一些牙痛患者在来到杜斯的诊所后便说："一来这里我就感觉好一些了。"

这是一个很有趣的现象。到底医生有什么神奇的魔力，让病人一踏进医院就"感觉好一些了"呢？而且医生明明还没有对病情下诊断，也没有开药呢！

这个奇怪的现象可以由心理学上的"安慰剂效应"（placebo effect）来解释。安慰剂效应最早发现于医疗行业，指的是在病人不知情的情况下服用完全没有药效（也无害）的假药，但病人却得到了和真药一样甚至更好的效果。

美国有一个关于安慰剂效应的经典实验。组织者选取患有末梢神经痛的人参加实验。接受实验的人员分为 4 组：A 组服用一种温和的镇痛药；B 组服用色泽形状相似的糖果；C 组接受针灸治疗；而 D 组接受的是假装的针灸治疗。但是实验中，被试并不知道他自己被纳入哪一组，只是被告知他即将接受一种专门治疗神经痛的新药物。

结果显示：4 组病人的疼痛均得以减轻，4 种不同方法的镇痛效果并无明显差异。这说明，糖果作为一种非药物竟然起到了药物的作用，缓解了病人的疼痛。而且镇痛药和针灸的效果并不见得比糖果更为奏效。糖果在此就充当了安慰剂。

安慰剂效应较易出现在病人中，大约在35%的躯体疾病病人和40%的精神病病人中会出现此种效应。很多绝症病人在服用了一些安慰剂（医生号称有治愈效应的"药"——维他命片）或接受了安慰行为（医生号称有治愈效果的治疗行为，如手术、复建）后，他们的病奇迹般地好转了。

其实这种似是而非的现象在我们的生活中并不鲜见。江湖郎中和巫医术士也常利用安慰剂效应施展其术。安慰剂效应的影响如此独特，我们应该学会鉴别好的和坏的安慰剂效应，合理地利用它。

42 为什么月亮总跟着你？

你发现过吗：在晴朗的月夜，你走路的时候，月亮也跟着你走；你停下脚步的时候，月亮也停下了。为什么月亮总跟着你呢？

其实，月亮没有跟着你，这是你的错觉。

心理学上把错误的知觉或者说完全不符合客观事物本身特征的失真或扭曲的知觉反应称为"错觉"。你觉得月亮总是跟着你走，这就是我们经常体验到的"移动错觉"。生活中还有很多移动错觉的例子。比如，你坐在火车里，火车并没有开动，但是由于相邻的火车在移动，结果你就觉得自己所坐的火车开动了。同样，如果你在飞速行驶的火车尾部窗口俯视铁轨，你就会觉得铁轨在从火车底下飞速地向后延伸，这些都是移动错觉。

那么，人为什么会产生移动错觉呢？

移动错觉是由视错觉和物体与人的远近共同作用造成的。人看东西都是有透视效果的，透视效果的一个很重要的现象就是同样的物体近大远小。人运动时看物体的移动角度也是同样的，近的移动的视角大，远的移动的视角小，反映在人的感觉中移动视角大的后退速度快，移动视角小的后退速度慢。由于视错觉的关系，一快一慢更直接的反映就是一个向前运动，一个向后运动。

回到你看月亮的例子。月球与地球的平均距离约为38万千米，人行走的距离相比较地月距离来说简直微不足道。当人仰望空中的明月，它在一定的位置，当人走动的时候，移动了距离，但是对于地球来说这点距离完全可以忽略不计，看月亮的视角变化也完全可以忽略不计，看起来当然就像是月亮跟着人在走。事实上，并不是月亮在走，而是我们人在走罢了。

43　为什么二维的图像能看出 3D 的效果？

请看下图，你能区分出哪个物体在前面，哪个物体在后面吗？

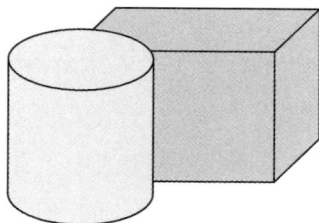

答案很简单：浅色的圆柱体在前面，深色的立方体在后面。

那为什么我们一眼就能看出物体的前后关系？

为什么我们能够轻松地感知到一个三维的立体世界？

其实，这是由于我们的知觉系统有效地利用了一些信息和线索，使得视网膜上二维的影像能够从空间上表现深度，这才有了我们眼中的立体世界。

在观察物体的时候，我们会利用一些知觉线索来进行判断。我们看到圆柱体在长方体前面，就是运用了"遮挡"（overlap）线索。圆柱体遮挡了长方体左边的部分，所以我们会感觉到遮挡物——圆柱体离我们近一点，而被遮挡物——长方体离我们远一些。虽然它是二维的，但我们可以根据遮挡线索来判断它们的远近。

"线条透视"（linear perspective）也是我们常用的空间知觉线索。我们可以根据平面上面积的大小、线条的长短以及线条之间的距离等判断远近。由大到小、由长到短，我们会觉得物体离我们越来越远，下面这张图中逐渐远去的铁轨及两旁的物体就是个典型例子。

平行线，如火车轨道，会在远处汇聚，两条线靠得越近，我们觉得离我们越远。

此外，当有很多同样或类似的物体，集成一大片的平面景观时，我们就会运用"近者大，远者小；近者清楚，远者模糊；近者在视野

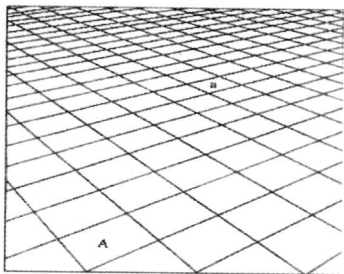

我们可以根据纹理梯度
判断这些矩形的远近。

下缘，远者在视野上缘"的经验（通常对低于视平线的物体）进行空间知觉。这种线索称为"纹理梯度"（texture gradient）。如上图所示。

44 为什么在你眼中远处的大象还是比近处的小狗大？

让我们来做一个小实验。把书放在桌上，移动你的头部让它离书本只有几厘米的距离，再把头部移回到你正常阅读的距离。你觉得书的大小有变化吗？

在你把头部靠近书本的时候，尽管书本在视网膜上刺激的区域比你正常阅读时大得多，你还是知道书本的大小不会因为你头部移动造成的视网膜上成像的变化而变化。心理学家把这种现象叫作知觉的"恒常性"。

心理学家们对知觉恒常性的研究主要包括了四个方面——

明度恒常性（brightness constancy）：把一张黑纸和一张白纸并列时，我们看到的是黑纸呈黑色，白纸呈白色，这是因为黑色和白色的亮度不同，形成了不同的视觉刺激所致，是一种以视觉器官为基础的视觉经验。如果你把黑白两张纸各有一半摊在阳光下，一半摊在阴影中，这时两张纸的亮度都发生了变化，但我们看到的仍然是一张黑纸，一张白纸，而不会把黑纸或白纸看成是由两段不同的颜色组成的纸张。这就是明度恒常性。明度恒常性是指照射物体的光线强度发生了改变，但我们对物体的明度知觉仍保持不变的知觉现象。

大小恒常性（size constancy）：同一个物体在我们视网膜上的映像大小，会随着物体距离我们的远近而发生改变，距离我们越远，在我们视网膜上的映像就越小；距离我们越近，在我们视网膜上的映像也就越大。这是以视觉感受器为基础的视觉现象。但是，我们在判断该物体的大小时，却不纯粹以视网膜上的映像大小为依据，而是把它知觉成大小恒定不变的。因此，大象距离再远，在我们看来还是比近处的小狗要大，这就是因为知觉的大小恒常性。

知觉的大小恒常性也要依赖于知觉对象与知觉背景之间的相互关系。见本书插图页第4页上图，我们把远处的人看成和近处的人一样大小，是由于有深度透视的墙壁相对照，如果没有深度透视的墙壁作对照，我们的知觉也就很难保持大小恒常了，如最右边的人其实和最左边的人大小一样，但是看起来却比中间的人小很多。

形状恒常性（form constancy）：知觉对象的角度有很大改变的时候，我们仍然把它知觉为其本身所具有的形状，这就是知觉的形状恒常性（参见本书插图页第4页下图）。比如，拿一枚一元的硬币，把它放在一臂远的地方，然后慢慢地把硬币竖起来，这时在你的视网膜上，硬币的映像将由椭圆逐渐变回正圆，但你始终把它知觉为正圆形。

使我们的知觉保持形状恒常的重要线索是有关深度知觉的信息，比如倾斜、结构等，如果这些深度知觉的线索消失了，我们对物体形状的知觉也就无法保持恒定不变了。

颜色恒常性（color constancy）：人对熟悉的物体，当其颜色由于照明等条件的变化而改变时，颜色知觉不因色光改变而改变，而是趋于保持相对不变。比如，一面红旗，不管在白天还是晚上，在路灯下还是阳光下，在红光照射下还是黄光照射下，人都会把它知觉为红色。当然，颜色恒常性是指人对颜色的知觉，与人的知识经验、心理倾向有关，并非物体本身颜色的恒定不变。

45　为什么说"眼见不一定为实"？

相信很多人都听过"盲人摸象"的故事。后来，人们用这个词来形容对事物只通过片面了解就下结论，以偏盖全的现象：

几个盲人想知道大象究竟长什么样，因为眼睛看不到，他们只能依靠触觉，可是大象太大，每个人只摸到了大象的一部分。于是摸到象鼻子的人说："大象又粗又长，就像一根管子。"摸到象耳朵的人说："不对不对，大象又宽又大又扁，像一把扇子。"摸到象牙的人驳斥说："哪里，大象像一根大萝卜！"摸到象身的人说："大象明明又厚又大，明明就像一堵墙嘛。"摸到象腿的人也发表意见道："我认为大象就像一根柱子。"最后，抓到象尾巴的人慢条斯理地说："你们都错了！依我看，大象又细又长，活像一条绳子。"

这些盲人为什么会犯这样的错误呢？这是因为他们判断的依据仅仅是自己片面的触觉所获得的信息，也就是我们前面提到的"感觉"信息。事实上，为了更准确地判断事物，我们常常得用上"知觉"。什么是知觉呢？它是我们的大脑对事物整体特征的反应，是对来自多种感觉通道的信息的整合。

那么，感觉和知觉到底是什么关系呢？

有人将感觉与知觉比喻为军事侦察员与参谋长的关系，侦察员的任务是将其所获得的情报送达军事指挥部，而参谋长的工作就是将各种情报加以选择、比较、分析、综合，从而能够为司令员提供

相关战事的总体情况，以供其决策使用。所以说，感觉是知觉的基础，感觉越丰富、越精确，知觉也就越完善、越正确，知觉是感觉的深入发展。

　　换句话说，通过感觉我们能孤立地感受到眼前的东西是什么颜色、什么气味以及会发出什么声音，但是我们却没有办法来回答"这是什么"的问题，而知觉则把这些信息整合在一起，并根据我们已有的经验来判断"这是什么"。举个例子，当一个苹果放在我们面前时，视觉信息告诉我们这是红色的、圆的、两端有一点凹陷，嗅觉告诉我们它有股甜甜的香味，通过触摸我们知道它的表面光滑，于是我们的知觉将这些感觉信息整合在一起，告诉我们这是个苹果。

46 我们的眼睛会说谎吗？

在生活中人们会有许多的错觉，但是大多数时候，自己是意识不到的，因此有时候被错觉误导了也无从知晓。错觉分为很多种，前面我们介绍过了视错觉中的移动错觉。下面就让我们来看看还有哪些容

a

b

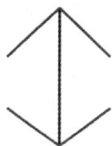

c

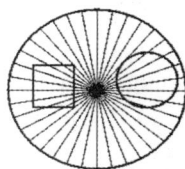

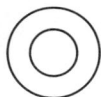

d

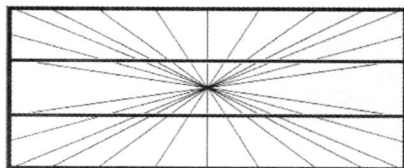

e

f

g

易产生误导的有趣错觉吧。

线条横竖错觉（horizontal-vertical illusion）：a 图中横竖两条等长线段，由于竖线段垂直于横线段的中点，结果我们知觉竖线段似乎更长一些。

缪勒 — 莱尔错觉（Muller-Lyer illusion）：b 图中两条竖线一样长吗？大部分人会说左边的竖线更长一点。这是因为线段两头画有不同方向的箭头，使得箭头朝向两头的看起来比箭头相向的要短一些。

奥伯逊错觉（Orbison illusion）：见 c 图大圆中的方形和圆形，由于放射线的影响，看起来似乎不是正圆也不是正方，而事实上既是正圆也是正方。

戴勃福错觉（Delboeuf illusion）：d 图中左边的小圆和右边的圆大小一样吗？它们其实是两个面积相等的圆，只不过左边的圆由于加了一个稍大一点的同心圆，就使得它看起来更大些。

赫林错觉（Hering illusion）：在 e 图中，中间两条线其实是平行线，你看出来了吗？由于被延伸向各个方向的直线所截，使它们看起来失去了原来平行线的特征。

佐尔纳错觉（Zollner illusion）：如 f 图所示，当数条平行线各自被不同方向的斜线所截时，就会出现两种视错觉，一是平行线不再平行，二是不同方向截线的黑色深度似有不同。

编索错觉（twisted cord illusion）：见 g 图，好像是盘起来的编索，呈螺旋状，而事实上是由一个个同心圆组成，你可以任选一点，然后循其线路进行检验。

视错觉的这些规律告诉我们，有时候眼睛看到、感觉到的东西并不一定是正确的。

47 为什么有时会一下子认不出熟悉的人？

生活中你是否有过这样的经历：即便是朝夕相处的父母，当他们忽然换了个发型，你也会愣一下然后才认出来；明明是自己惯用的茶杯，只是把累积的茶渍清洗干净，再使用时一时间还是会产生"这是我的吗"的疑问；明明是自己班所在的教室，只因为讲台上站了位陌生的老师，你就会怀疑自己是不是走错了……为什么面对本来熟悉的人和物，只因其稍微改变了一下，我们就会有一丝陌生感？这其实就是心理学上著名的"斯特鲁普效应"（stroop effect）。

让我们来做一个有趣的实验，请见本书插图页第1页的上图。

上面的这个实验就是1935年由美国实验心理学家斯特鲁普（John Ridley Stroop，1897—1973）设计的。实验所使用的刺激材料在颜色和意义上相矛盾，例如用蓝颜色写成的"红色"，实验并不要求被试念出这两个字，而是要求被试说出字的颜色，即"蓝色"。结果被试的反应时比看字色一致时的反应时要长些。这个事实说明当文字的含义与字的颜色产生矛盾时，我们的大脑就要处理两类信息，当这两类信息在大脑中相互干扰时，就会在一定程度上降低反应速度。后续研究还发现，人阅读文字的速度要比认知颜色来得快，这是因为大脑中的机制对字义加工要更容易，因此人更加倾向于报告文字表达的意思，而这个实验中却是让人报告文字的颜色，从而产生了干扰。

斯特鲁普效应就是指当人们对某一特定刺激作出反应时，由于某种因素的干扰，人们难以集中精力对特定刺激作出反应的现象。

48 为什么人们能靠声音判断距离方位？

在对世界的体验中，听觉和视觉起着相互补充的作用。尽管我们对进入视野中的物体的视觉辨认优于听觉，但通常是因为你已经用耳朵将眼睛引向正确的方向后才能看见物体。你可以欣赏优美的音乐，可以和伙伴们欢歌笑语，可以敏锐地感知环境的异动……这一切都因为听觉的作用，如果失去听觉，我们将身处无声的世界，忍受一片寂静。

有一些动物，比如海豚和蝙蝠，它们无法使用视觉在黑暗的水中或洞穴里定位物体。它们使用回声定位法——通过发出的超声波来试探物体并获得关于物体的距离、位置、大小、结构等反馈信息。尽管人类没有这样的特殊能力，但是我们都有这样的体验，当有人喊你的名字时，我们一般都能准确找出他的位置，我们会分辨出叫喊的声音到底是从哪个方向传来的。那么，我们是怎么做到的呢？科学家发现，在对听觉刺激进行空间定位时，人类往往可以依靠一些线索。

如果你用单耳来判断声音的远近，依据的是声音的强弱：强则近，弱则远。所以很显然，即使我们将一只耳朵堵住，也能分辨出叫我们的人是在很远的地方，还是就在近旁。但是，单靠一只耳朵进行声音判断时，虽然可以较为准确地判断声源的远近，却并不能有效地判断声源的方位。所以对声音的方位和强弱进行更加精确的定位需要双耳线索。双耳线索进行判断依靠的是两个重要指标——声音的时间差和强度差。

时间差：由于我们的双耳位于头部左右不同的位置，因而当声音从左右不同的方向传过来，到达我们双耳时就会有一个先后的时间差，这一短暂的时间差就成为我们对声源左或右定位的重要线索；而当声波同时到达我们双耳时，说明声源离我们的两个耳朵同样近，也就是在正对我们的方向，此时我们就会对声源进行前或后的定位。

强度差：声音到达我们双耳时还会有强弱的不同，比如，当声音来自左方时，由于头部的阻挡，左耳接收到的声波要比右耳接收到的声波强一些，由此我们也可根据强度差对声源进行有效的定位。

49　为什么辣觉不属于味觉？

有些人可能有这样的经历——伸出舌头，医生用筷子蘸上各种调料，点在你舌头不同的部位，你会体会到不同的味觉。根据我们的生活经历，你一定相信下面这句话没有错——"舌头能辨别五种味道：酸、甜、苦、辣、咸。"

但事实上，舌头所能辨别的五种味道分别是：酸、甜、苦、鲜、咸。我们常说的辣不属于味觉，而是一种痛觉。

从生理学的角度很容易解释为什么辣椒会使人产生痛觉。在你的舌头上，味蕾与伤害性疼痛纤维是相连的，因此能够刺激味蕾感觉器的化学物质也会刺激相连的痛觉纤维。辣椒的化学物质就是辣椒素。如果我们想要享受一餐辛辣的美味，就必须把食物中的辣椒素的浓度控制得足够低，这样味觉感受器才会比痛觉感受器活跃。而一旦辣椒素超过了一定的浓度，痛觉体验就产生了，你会感觉到辛辣。在味觉王国里，产生享受和产生疼痛的事物之间有一条清晰的界限。

但为什么不同的人对于辣味食物的偏好有很大的差异呢？为什么有些人，比如湖南人、四川人，特别能吃辣，而有些人就沾不得辣？研究发现，这和人舌头上的味蕾细胞的多少有关。味蕾细胞密度的差异看起来是由遗传造成的，有些人味蕾细胞明显比别人多。味蕾细胞多的人，痛觉感受器也就多，这种人对味觉非常敏感，被誉为超级品尝者。超级品尝者通常对于苦味的化学物质更加敏感，因为苦味是多数有毒物质的特性。一个有趣的现象表明，5—7 岁的超级品尝者更喜欢牛奶而不是奶酪，因为通常感觉牛奶比较甜，而奶酪比较苦。

50 为什么失去腿的人还会觉得腿部疼痛？

在医学上有种"幻肢"现象——相当多的截肢者报告说他们的断肢处有剧痛，而事实上他们的肢体已经切除，按理说是不太可能体会到生理的疼痛感的。这个现象引起了心理学家的关注。

要解释这个现象，就必须从一个不受大家欢迎的感觉——痛觉开始说起。从小到大，很多人都被各种痛觉困扰——打针的疼痛、摔倒时的疼痛、不小心被刀割伤的疼痛……可以说每一次体会到"痛"的感觉时，总是与"坏事"联系在一起。你是否幻想过，如果天生没有痛觉就不会感觉到痛楚了，这样会不会很幸福？

但是，没有痛觉的人，他们的身上总是带着疤痕，甚至他们的身体会因为受伤而变形。痛觉虽然令人厌恶，却也是不可缺少的感觉。因为有了痛觉，大脑能警告我们哪些事物是会引发痛苦的、有危险的，由此可以避免一些伤害。所以，虽然痛觉让我们难以忍受，它却是一个重要的防御信号——警告我们要远离伤害，这对于人类的生存至关重要。

举个最简单的例子：当我们不小心被刀割到手时，我们感到疼痛，并立即放下刀检查伤口。如果没有痛觉提醒的话，我们会任由刀继续割下去，那样后果就不堪设想了。还有，当你用手触碰开水时，

通过痛觉传递，大脑会告诉你应该停止触碰来防止烫伤。

不过，痛觉反应是非常复杂的，有时候有很强的外在刺激却体会不到痛，有时候轻微的刺激，甚至是在没有外界刺激的情况下也会产生疼痛感。幻肢（phantom limb）就是一种极端的现象——截肢者没有疼痛刺激却产生了强烈的疼痛体验。许多相关因素，如截肢者的情绪状态、对截肢现实的接受程度、恢复生活的信心等都会引发幻肢疼痛。另一种极端的现象是，有强烈的伤害性刺激，人却没有痛觉。比如一些参加宗教仪式的人在炭火或玻璃碴中行走而无痛感。由此可见，在我们对所经受疼痛程度的判断过程中，情绪反应、生活经验、对痛的解释和实际的外界刺激等因素都非常重要。

51　为什么说我们感知这个世界是有规律可循的？

对于同样的事物，不同人可能会有不同的知觉，甚至同一个人在不同时间也可能产生不同知觉。但这并不意味着人们的知觉是不可把握、难以理解的，大多数时候人们在知觉时会遵循一些规律。

著名的格式塔（Gestalt）学派对知觉的规律进行了研究，发现人们总是根据自己的知识经验把直接作用于感官的不完备的刺激整合成完备而统一的整体，心理学把这称为"知觉的整体性"，并总结出了人们知觉事物的一些规律——

邻近律：人们往往倾向于把在空间和时间上接近的物体知觉成一个整体。比如下面这张图，间隙较小的 3 个黑点联合起来被我们感知成为一个整体，所以我们一眼看到的是由黑点构成的 6 条线，在竖直方向稍微向右上倾斜。再比如敲锣打鼓时，我们会根据锣鼓声间隔的长短来进行听觉的组合，形成有规律层次的声音分段。我们一般不会以另一种结构来知觉它，即使以别的结构去知觉它，也是很费力的一件事。

一眼看来是3条横线还是6条斜线？

相似律：在形状、颜色、大小、亮度等物理特性上相似的物体往往容易被知觉成一个整体。比如下图，我们会把形状相同的圆圈和黑点分别两两知觉为一组，而不太会把一个圆圈和一个黑点知觉成一个整体。

连续律：人们往往会把具有连续性或共同运动方向等特点的物体作为一个整体加以知觉。比如下图，我们可以强迫自己把它知觉成两个弯曲的、有尖顶的曲线组成的图形，即 AD 和 BC。但是，我们倾向于把它知觉成更为自然和连续的两条相交的曲线 AC 和 BD。

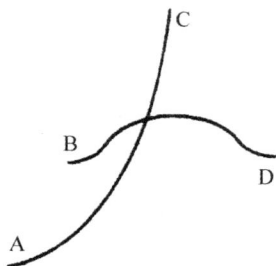

两条曲线或是两个有尖顶的图形。

求简律：人们的知觉倾向于在复杂的模式中知觉到最简单的组合。如下图，我们可以把它解释成 3 个不规则图形的组合。可事实上，这并不符合我们的习惯，我们知觉到的东西要比这简单得多，即一整个椭圆和一整个长方形互相重叠而已。

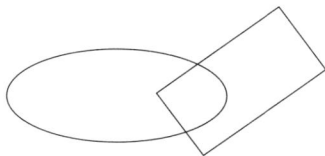

我们会将图形简单地知觉为有部分
重叠的一个椭圆与一个长方形。

闭合律：闭合律实际上是求简律的一个特别且重要的例子。它指的是我们在知觉一个熟悉或者连贯性的模式时，如果其中某个部分没有了，我们的知觉会自动把它补上去，并以最简单和最好的形式知觉它。比如下图，我们倾向于把它看作一颗五角星，而不是五个 V 形的组合。

我们倾向于将它知觉为一颗
五角星，而不是五个"V"。

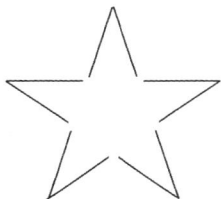

52　为什么大家都要买和我颜色一样的车？

小王是一个年轻的小伙子，工作几年有一些积蓄后特别想买一辆车。他追求个性，不想随波逐流，希望买一款能够体现自己独特品味的车，但由于资金有限，无力购买顶级名车。他在左思右想进行多番评估后，终于相中并买下了一款墨绿色的车。正当他为自己买到一辆与众不同的车而沾沾自喜时，却发现：不论是在高速公路上，在小巷子里，还是在他公司的停车场里，到处能看到和他同型号同颜色的墨绿色汽车。他觉得很沮丧，自己的选择看来并不是最独特的。同时他也觉得很奇怪，为什么他买之前没有发现呢？为什么大家都要买和他一样颜色的车呢？

小王买车的心路历程正体现了心理学上的一个现象——"视网膜效应"（optomeninx effect）。这种效应指的是当我们自己拥有一件东西或具备某项特征时，我们就会比常人更注意到别人是否跟自己一样拥有这件东西或具备这种特征。

但只要你稍加注意就会发现，我们周边时时都在发生着视网膜效应这种有趣的现象：你的同学穿着一件新买的衣服出门，回来时她沮丧地对你说，"我再也不穿这件衣服了，满大街都是和我穿一样衣服的人"；你的阿姨怀孕了，然后你听到她说，"我今天去了趟商场就碰到了不下十个孕妇，今年是特殊年份吗？怎么大家都选了在这个时候生宝宝"。难道真是这么巧，在你同学买了那件新衣服之后大家就跟着买了？难道今年真这么特殊，大家都要赶着生宝宝吗？

成功学大师戴尔·卡耐基（Dale Carnegie，1888—1955）阐释了视网膜效应的影响力——他认为每个人的特质中优点和缺点各占了一部分。有些人能够看到自己的优点，从而也会更加关注旁人的优点，并不断去学习和改进，进而让自己更快地成长；而当一个人只知道自己的缺点是什么，而不知发掘优点时，视网膜效应就会促使这个人发现他身边也有许多人拥有类似的缺点，进而使得他的人际关系无法改善，生活也不快乐。你有没有发现，那些常常说别人很"凶"的人，其实自己脾气也不太好？这就是视网膜效应的影响力。

53　为什么有时候故地重游却会产生陌生感？

如果有人要到你家做客，可是他不清楚你家具体的住址，那么请你根据记忆尽可能详细地画一张你家附近环境的地图给他。在绘制地图时，你是否惊奇地发现原来我们脑海中存储着很多这样的地图？我们把这种地图称为"认知地图"。

认知地图（cognitive map）是人们对自己所熟悉的环境非常个性化的心理表征。但认知地图不是人类特有的，动物也有着属于它们自己的认知地图。1948年托尔曼对小白鼠的一项研究揭示了这一概念。他描述了老鼠如何通过学习形成实验性迷宫的环境地图。托尔曼在一系列实验中的基本做法是，首先训练老鼠在迷宫中走一条特定的路线以到达终点，成功到达后可获得食物奖励，然后堵塞这条路线，这时一些老鼠会选择另外一条从未走过的路线。当老鼠发现某条路线可以更便捷地到达终点时，它们会反复选择这条路线。托尔曼把这种老鼠习得的对地点信息的认知称为认知地图。

会开车的人应该深有体会，当你熟悉的道路因为修护等原因而禁止通行时，你会尝试一条新的路，并且十有八九也可以到达你的目的地，因为你的认知地图告诉了你有关目的地的信息，再加上你的推理和判断，就让这种尝试变得简单了。

但是，认知地图并非客观的地图，它是我们对物理环境近似的心理表征。如果你让你的父母或弟弟妹妹也画一张你家附近环境的地图，你会发现和你所画的还是有些区别的，而这些区别可能会带来误差。常见的误差主要有两个。一是认知地图不完整，我们经常会遗漏一些小的街道或细节，甚至有的时候还会丢失一些大的街区和标志性建筑。二是经常使环境表征失真，比如把两个事物排得太近或太远，或者把两个处于不同街区的事物画在了一条直线上。这就是为什么有的时候我们来到了曾经到过的地方，却会对一些事物产生陌生感的原因了。

54　为什么超过 7 位的数字就很难记住？

在手机、电话通讯如此发达的今天，交换电话号码已经成为生活中习以为常的事情。我们来做一个记忆测试：有个人告诉你，他的手机号码是下面的一行数字，请你阅读一遍，合上书，并尽可能多地按照原来的顺序默写出来：

16739485905

现在再读下面一行数字，然后用上述相同的方法将它们默写出来：

52687871

你会发现什么？

你很可能感觉 11 位数的手机号码记起来太吃力了，很难全部正确地默写出来；相对而言，要默写出 8 位数字的电话号码则容易多了。

是的。如果你的短时记忆在平均水平，那么阅读一遍后，你很可能回忆出 7 个数字，至少能回忆出 5 个，最多回忆出 9 个，即 7±2 个，这就是你短时记忆的广度。

美国心理学家乔治·米勒（George Armitage Miller，1920—2012）经过 7 年的反复测定，在一篇题为"奇妙的数字：7±2"的论文里提出，正常成年人记忆广度的平均数是 7±2，这个数值具有相对稳定性。这一观点得到了国际公认。

"短时记忆广度"的发现是十分具有应用价值的。其实，我们在日常记电话号码的时候并不是像我们上面念数字那样每念一个停一秒钟，而经常是将电话号码分成两部分来记。比如，要记住 52687871 这个号码，我们在心里默念的时候通常是念前四个数字后稍微停顿一下再念下面四个数字（即 5268—7871），也就是将它分为两组来记。这样记住 8 个数字是不成问题的，这是不是说我们的短时记忆平均不止 7 个呢？米勒在后来的实验中又发现，短时记忆的容量大小不是由记忆材料的数量决定，而是由材料的意义单位决定的，如2471530121987 是一长串数字，远超过 7 个的限制，但如果赋予这些

数字意义，变成24（小时）—7（一星期）—15（半个月）—30（一个月）—12（一年）—1987（年），然后再记这长串数字就比较容易了。米勒称此种意义单位为"组块"，因此所谓的 7±2 并不是指人们只能一下子记住 7 个左右的数字或字母，而是指 7±2 个组块。

55　为什么有的话到嘴边却说不出来？

生活中你是否也经常这样：遇见一个熟人，正想跟他（她）打招呼，却突然说不出他（她）的名字了，好像就在嘴边，却怎么也想不起来。如果把这个人的名字和其他人的名字放在一起，你却可以很快从中分辨出来。有时说话也这样：话到嘴边却说不出来，这时候你会有一种"我明明快想出来了"的感觉——想用的字眼或词语已经到了舌尖，就是讲不出来。

心理学上把这种现象称为"舌尖效应"（the tip of tongue phenomenon）。它说明大脑里面可能确实存在关于某些东西的记忆，只是这些记忆我们一时不能回忆出来。现实生活中还有很多这样的例子：在你离开一个地方，比如以前待过的学校后，你可能会逐渐淡忘了在那里发生的种种事情，不过一旦你再次回到那个环境，往事说不定会像汹涌的波涛般撞击你的每一根神经，你感觉自己仿佛又回到了那消逝已久的快乐时光。这就是为什么很多老人喜欢寻访自己曾经生活过的地方的原因。

为什么会出现舌尖效应？为什么那些熟悉的事物在关键的时候却无法回忆出来？

一种广为接受的观点是，因为我们找不到回忆的线索。就记忆的内容而言，记忆过程发生的时间、地点包括你当时的心情，以及与这些内容有关联的东西都构成了以后回忆这些内容的线索。在回忆的过程中，如果一时想不起来，你可以通过这些线索回忆出来。

此外，人所处的情绪状态也会影响记忆的提取。比如很多人都有这样的经历——考试的时候，平时背得很熟的公式或单词竟然怎么也想不起来了，而一走出考场，随即脱口而出。这就是由于考试时人的情绪紧张，干扰了记忆的正确提取。

56 为什么记不起自己3岁以前发生的事情？

你还记得自己3岁以前发生的事情吗？

有些人回答"记得"，有些人则说"不记得"。

你可能不相信这样的答案：所有人长大后都记不起3岁以前发生的任何事情。心理学上把这种现象称为"幼年失忆症"。大部分幼儿在1岁时就能叫妈妈，2岁时基本上能说出完整的句子。对于儿童的学习能力、记忆能力，大概没有人会怀疑。但是，对3岁以前的事情，我们通常是没有记忆的。

即使有人说他（她）还记得3岁前的事情，那往往也是3岁以后别人告诉他（她）的。因为我们的记忆也常常发生扭曲，特别是在幼年的时候，有时还会将梦或者从别人那里听到的故事当作是真实发生过的。

心理学家很早就注意到这样一个奇怪而又矛盾的现象。按理说，幼儿的学习能力是最强的，因为他们对什么都会感到好奇，记忆力也特别好。可为什么我们记不住3岁以前发生的事情呢？

精神分析学派认为，这是因为3岁前正是出现恋母情结或者恋父情结的时候，这段经历对儿童来说是充满心理矛盾的，儿童当时的一些想法是不合伦理的，因而长大以后这段经历会受到压抑。精神分析学家还拿出证据，证明他们能让患者在催眠状态下回忆起 3 岁以前的事情。但是，这种证据的可靠性和真实性是很值得怀疑的，催眠状态下本来就很容易受催眠师的暗示。当然，我们也不能就此一概否定催眠或者精神分析的作用。关于这个现象，当代心理学界普遍认同的解释是：人在 3 岁以前负责长时记忆的脑区还没有发育完善。

57　为什么有的事件让你终生难忘？

如果问你，去年的今天你在哪里、正在做什么，你通常都答不上来。

但要是问你 2008 年 5 月 12 日下午你在哪里、干什么，估计你就能回想起来——因为那天发生了举国震惊的汶川大地震。这说明，我们不仅可以记得重大事件本身，还能记住得知该事件时自己身处的环境，比如当时自己在干什么、和谁在一起，甚至当时的情感……现在回想起这件事情的时候都会一并引发，这就是"闪光灯记忆"（flashbulb memory）。

使用"闪光灯"一词是因为人们认为这类记忆活动就像带闪光灯的照相机拍摄的照片一样，能够引起持久的且栩栩如生的记忆。

美国心理学家做过很多这方面的调查研究。他们分别在肯尼迪遇刺、马丁·路德·金被杀、挑战者号失事后马上对一部分人进行调查，问他们得知这个消息的时候正在做什么，并在 10 年、20 年甚至 30 年以后让他们再次回忆，他们仍然很清楚地记得当时的情景。请你仔细回想一下，或许你的许多经历也可以证实这种现象。

那么，为什么我们会有闪光灯记忆呢？心理学家认为，在得知重大事件的时候，个体会产生强烈的情绪生理反应，这些反应激活了大脑与情绪有关的部位，其结果就是人们记住了大量与该事件无直接关联的事情。

58　年龄越大记忆力就一定越差吗？

我们常常会听到一些长辈想不起什么事情时，叹气说"唉，老了"。在我们的意识中，似乎年纪与记忆力有很大的关系。那么事实真的如此吗？

前面提到，人们通常没有关于3岁以前的记忆，因为那时候长时记忆的机制还没有形成。那么人的记忆始于何时？记忆的能力与年纪有怎样的关系？

我们都知道儿童的记忆力很好，那么好在什么地方呢？10岁左右的儿童能够毫不费力地将一段他不理解的课文背下来，成人就很难做到。但在我们看来，儿童的这种记忆只能算是死记硬背，心理学上称之为机械记忆。儿童与成年人的不同就在于他们能够在不理解的时候先记住，然后慢慢理解。

我们说儿童的记忆力很好，这只是单纯从记忆的能力出发，儿童最后真正能够理解并长久保存的内容并不是很多。而到了青少年时期，才进入我们记忆发展的高峰期。人的一生中，从青少年到成年这段时间是记忆量最大的阶段。这一时期，记忆力还没有滑坡的迹象，而且要学习的东西很多，再加上思维能力已经发展得比较完善，即使他们的记忆力不及儿童，但思维能力、知识面、经验等也都能弥补记忆力的不足。因而，这一阶段的学习积累构成了个体今后能否进一步发展、向哪个方向发展的决定因素。

而谈到老年人的记忆时，我们通常都会犯以偏概全的错误：把老年人和记忆力不行画上等号。总的来说，老年人的记忆力有点衰退，这是不可否认的。不过，我们不能就此贬低他们的能力。实际上，老年人记忆的衰退主要表现在吸收新的信息上，一些知识或者技能他们一旦学会了，也能像年轻人一样不会轻易遗忘；而且虽然老年人经常忘记最近发生的事情，可他们对很久以前的事情仍然印象深刻。此外，老年人见识广博、知识经验丰富，这对于他们的记忆也是有帮助的。

59 同一张图片，你看到了老妪还是少女？

我们生活的世界如此丰富多彩，在同一个时刻会有许多的外界刺激同时进入我们的感官，但是我们却不会对所有刺激不加选择地进行加工，而是选择性地加工一部分符合我们当前需要的、有意义的信息，忽视其他不重要的信息。这就可以理解为什么有些人在吵闹的地方仍能排除外界噪声的影响沉浸在书本之中。

这种人们对外来刺激有选择地进行组织加工的过程，就叫"知觉的选择性"（perceptual selectivity）。被我们选择进行进一步加工的刺激，称为"知觉对象"；而同时作用于我们感官的其他刺激就被叫作"知觉背景"。比如，对于坐在教室后排的同学来说，讲台上的老师往往是他们的知觉对象，而前排的同学以及教室不过是知觉背景。

知觉对象与知觉背景是相对而言的，其在不同情境下是可以相互转换的，这要依赖知觉者个人的需要、兴趣、爱好、知识经验以及刺激物对个人的重要性等主观因素。下页的两幅图片就是知觉对象与知觉背景可以相互转换的经典例证：左图，你可以把它看成是一个侧着身子的老婆婆，也可以把它看成是一位脸稍稍转开的少女，关键取决于你想看哪一种；而右图，你可以把它知觉成一个陶瓷花瓶，或者把它知觉成人物剪纸，这也与个人的知识经验以及对知觉对象与背景的选择等有关。

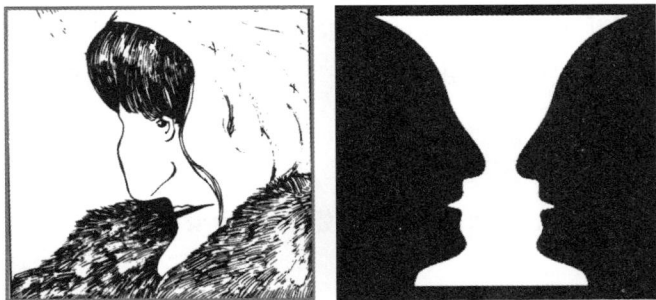

个 体 心 理 学

60 人生来就有道德感吗？

海因茨的妻子生病了，医生告诉他只有城里一位药剂师新发明的一种药才可能救活他的妻子。但是药剂师开价非常高，药的成本只有 200 元钱，却要卖 2000 元。海因茨到处借钱，只筹到 1000 元，为此他恳求药剂师便宜一点或者让他赊账，可药剂师还是拒绝了他的请求。海因茨走投无路，只能趁着夜色去偷药。在这个小故事中，你认为海因茨应不应该偷药？法官应该判海因茨有罪吗？你觉得不同年龄的儿童对这个问题的回答会一样吗？

在这个故事里，重要的是回答者对自己判断的解释，也就是回答者是根据什么标准来作出判断的。这种标准就代表着他的道德发展阶段。心理学家给许多不同年龄的儿童讲了这个故事后发现，他们对这个问题的看法出现了明显的年龄阶段性，为此，心理学家们总结出了道德发展的规律。

在年龄较小的儿童中，比较常见的一种观点就是，绝对化地判断海因茨行为的对错。有的儿童认为偷东西就是不对的，就应该被抓。在这个阶段的儿童的道德观念中，世界是非黑即白的，用一条准则就

可以判断所有的问题。稍大一些的儿童则更会关注别人的感受，常常把大家认可、社会需要作为道德的标准。例如，认为海因茨这样的行为是情有可原的，因为他是为了救自己的妻子。再大一些的儿童，则会试着站在不同的立场考虑相关人的利益，从整体上全面地思考问题。因而，他们的回答可能就更加复杂，例如：虽然法律是应该遵守的，偷东西是不对的，但是在救人的前提下，可以适当考虑实际情况。而更大一些的儿童，则已经表现出具有自己独立的道德标准，并且呈现多样化的趋势，不再依赖外界的法律规则或者人们约定俗成的规范了。

从儿童道德发展的规律来看，道德的发展伴随着个人在处理社会约定的规则与伦理人情的矛盾中态度的转变。从一开始把某条来自外界的单一原则作为自己的道德标准，到后来会综合考虑各种因素，并形成自己独立的道德标准，儿童在多种社会文化因素的影响下逐渐形成道德感。

61　纠结之感到底从何而来？

心理学家弗洛伊德把人的人格分成"本我"（Id）、"自我"（Ego）和"超我"（Superego）。它们分别代表人格中的什么部分，这几个部分又是如何相互作用的呢？

弗洛伊德是奥地利精神病医生及精神分析学家，精神分析学派的创始人。他利用精神分析的方法，建立了人格、心理治疗等一系列理论体系，为心理学的发展作出了卓越的贡献。

人格也称个性，这个概念源于希腊语 Persona，原来指的是演员在舞台上戴的面具，它类似中国京剧中的脸谱，后来心理学借用这个术语来形象地说明：在人生的大舞台上，人也会根据社会角色的不同来换面具，这些面具就是人格的外在表现。面具后面还有一个实实在在的真我，即真实的人格，它可能和外在的面具截然不同。这一张张面具是如何"变换"的呢，弗洛伊德给出了一套自成体系的人格理论。在他看来，现实生活中人的整个人格是由本我、自我和超我三个部分组成的。

弗洛伊德认为，人出生时只有一个人格结构，即本我。它由先天的各种本能和欲望组成，是人的自私部分，也是人格形成的基础。本我遵循快乐原则，它只关心如何立即满足自己的需要，不受外部理性和逻辑法则的约束。就像婴儿看见想要的东西，就会去拿它，不管这东西是否属于别人或是否有害。弗洛伊德认为本我冲动永远存在，是人的精神结构的一部分。

自我是在周围现实世界的影响下，逐渐从本我的表层分化出来的，是本我和外部世界的中介。由于本我冲动往往不为社会所接受，所以自我的工作就是将这些冲动控制在无意识当中，并在一定程度上制约着超我的活动。它奉行现实原则，强调正视现实，按照常识、理性和逻辑行事。这是一个人成为社会一员、迈入实际生活必备的素质。在一个人格正常的个体身上，自我就像人格的行政机构，统辖和控制着本我与超我，并且为整个人的需要与外部世界进行"贸易往来"，满足人的长远需要。

　　超我是一种道德化的自我，代表着社会的，特别是父母的价值和标准。它是人格中专管道德的司法部门，通过奖惩的手段来控制和引导自我去管制本我的冲动，预防这种冲动的发泄危及社会。超我按理想原则行事，以良心来要求自己，要求人们应当具有超越现实生活要求的更高理想，以引导人们进入一个至善至美的精神境界。

　　弗洛伊德认为，本我中产生自我，自我中产生超我，它们在整个精神活动过程中始终处于相互作用、相互矛盾和相互融合的状态。简单说来，本我、自我、超我就像作用于三个角上的拉力形成三角形一样。当三者相对和谐统一时，人格便处于正常状态，人的精神就健全；当三者相互冲突时，人就会产生"纠结"的感觉，人格就处于失调状态，发展到极端，人的精神就会失常，出现病态。事实上，我们每个人意识之下的某个地方，永远存在着自我放纵、考虑现实性和强制执行严格道德准则三者间的紧张状态。

62　人天生就具备学习能力吗？

　　人是如何掌握大千世界里这么多的信息和技能的？人出生后是如何在短短的十几年中快速掌握各类知识的？为什么有些人可以很快地

学会新知识，而有些人却要"笨鸟先飞"？不妨让我们以语言学习为例，看看人到底是天生就会说话，还是靠后天从外界习得的。

婴儿刚出生的时候只会用哭声表达自己的想法，到后来才会用复杂的语言描述自己的感情。在这一过程中，看似是成人教会了孩子说话，但这一观点还是有很多值得讨论的微妙之处。

有心理学家认为，人天生就具备语言的能力，人的生理基础已经决定了人具有说话的能力，否则幼儿不可能如此快速地掌握语言，因为在他们已经较为熟练掌握语言的时候，他们的智力发展其实还很不完善。再一个有力证据是，任何一个幼儿都具备掌握任何一门语言的能力，而到了一定的时候学习外语反而显得比较困难。支持语言先天性的心理学家对此的解释是，人天生就掌握了各种语言的基础，而后天的训练只不过是选择性地让一部分能力凸显出来。

另一种更容易被人接受的观点是，人是通过后天学习而获得语言交流能力的。也就是通常我们理解的，通过父母、老师不断以各种方式向幼儿传授如何说话的技能，幼儿不断地模仿成人说话，才慢慢掌握说话的能力。

人的先天语言机制是否存在还没有被证明，而单纯靠模仿是否就可以生成全新的句子，这些问题的答案都还在研究和争论之中。唯一可以确定的是，在语言学习过程中，环境和先天对语言的敏感性都起到了非常大的作用。

63　为什么有的人会得抑郁症？

抑郁症（depression）是一种常见的精神疾病，主要表现为情绪低落、兴趣降低、悲观、思维迟缓、缺乏主动性、自责自罪、饮食、睡眠差，担心自己患有各种疾病，感到全身多处不适，严重者会出现自杀念头和行为。人为什么会得抑郁症？只有人才会得抑郁症吗？抑郁症的病因又是什么？

人为什么会得抑郁症？是因为人天生忧郁的气质，还是后天生活的打击？随着社会经济的发展，抑郁症已经逐渐成为现代人生命的几大杀手之一。但是，目前对抑郁症的成因依然众说纷纭。神经生理学家、临床心理学家、社会学家们都尝试从自己的专业领域给出解释。

认知理论认为抑郁是错误推理的结果，抑郁者常用错误的推理进行自我贬低和自我责备；而行为主义认为抑郁是由于积极强化的减少和缺乏引起的。另一些心理学家把几种理论综合起来认识抑郁的形成，如塞利格曼认为抑郁是习得性失助的结果，当人们面临一个情境，而他相信情境是不可控制的，他就会感到无助，进而产生抑郁。正是由于抑郁是诸多不良情绪的累积，它也成为容易反复发作的一种心理疾病。

治疗抑郁的一种较为有效的方法是日本的森田正马（Morita Shoma，1874—1938）博士创立的森田疗法。抑郁的起因用森田的理论来解释是：起病＝疑病素质（性格特征）＋机遇（外因）＋病因（精神交互作用）。森田疗法有两个核心思想：一是顺其自然，二是积极行动，这对于治疗抑郁特别重要。

1976年，心理学家埃伦·兰格（Ellen Jane Langer，1947— ）在一项对老人公寓的经典研究中探究了抑郁和控制力缺失的关系。在管理人员的帮助下，研究者让一组老人改变了一贯的照料方式，在某些方面增加了老人的责任，让他们有更多的支配权，如决定是否要养花、养什么花以及探视时间等。研究者在18个月后再来到老人公寓，发现责任感被激发了的住户中只有15%的人死去，而对照组有30%的人死去。

从以上的理论及研究中，我们不难联想到，假如不论个人如何努力，仍不断遭受挫折，无法得到想要的结果，一部分个体就会消极应对各种事物，思维和行为都停止了，于是个体就进入了抑郁的状态。

64 为什么说星座学是伪科学？

根据古老的占星学说，十二星座可以分为四象，分别为代表外向积极的"火象星座"（白羊座、狮子座、射手座）、代表内敛务实的"土象星座"（摩羯座、金牛座、处女座）、代表冷静理性的"风向星座"（水瓶座、双子座、天秤座）和代表细腻敏感的"水象星座"（双鱼座、巨蟹座、天蝎座）。很多人都觉得用星座理论来预测自己的个性很准，可是这样的推测真的有科学依据吗？

为了验证这种传言是否属实，著名的人格心理学家艾森克和广受尊崇的英国占星学家杰夫·梅奥联手展开了一项调查。梅奥从自己创办的梅奥占星学院中选取了2000多人，要求他们提供出生日期并完成一份科学的人格调查表。

让人大吃一惊的是，调查的结果竟然与古老的占星学传说完全吻合，例如星座与外向有关的人在外向特质上的得分的确要比其他人高一些。然而，艾森克却对调查结果产生了怀疑，因为他突然意识到，参加调查的人，作为占星学院的学生，事实上已经对占星学笃信不疑了。这些人事先已知晓占星学对他们个性的预测是什么。艾森克担心这种先入为主的想法可能会导致并不准确的调查结果。换句话说，这个调查结果可能只是心理作用导致的，而跟调查对象的星座毫不相干。

有了这个念头后，艾森克又另外做了两个实验。第一个实验的对象是1000名儿童，他们几乎不可能听说过性格和星座之间的关系。这一次，调查结果出现了颠覆性的变化，而且显然与古老的占星学传说毫无吻合之处。为了进一步验证生日和个性之间到底有没有关联，艾森克将调查对象从孩子转到了成人，这一次的调查对象并不完全了解星座理论。结果发现，那些对星座学说越了解的人，个性也越符合自己的星座特征。相反，如果调查对象对占星学传说没有太多了解，他们的问卷结果跟占星学传说就不会那么一致了。

结论已经很明确了，出生时的星象位置并不会对一个人的个性产生什么魔法效应。然而，的确有这么一些人，由于对占星学中星座和性格之间的关系非常熟悉，竟然真的就变成了具有某种星座特质的人。

65　俗话说，"有奶便是娘"，这是真的吗？

"有奶便是娘！"这是宋朝名家欧阳修骂冯道几次易主没有气节的一句话。在现代生活中多指人为眼前利益所驱动，不坚守原则，势利。一般人认为，婴儿不会分辨谁是母亲，只要有奶喝就会当成是娘。那么，事实真是这样的吗？对婴儿来说真的会把可以哺乳的女性就认作自己的妈妈吗？我们来看看心理学家在与人类比较接近的恒河猴身上进行的一项有趣的实验吧。

英国比较心理学家哈利·哈洛（Harry Frederick Harlow，1905—1981）将刚出生不久的小恒河猴和猴妈妈隔离开，并为它准备了两个代母：一个是胸前有提供奶水装置的铁丝母猴；另一个是柔软的绒布母猴。

出乎意料的是，小猴大多数时候都会在绒布母猴周围玩耍，困了还会在它怀里睡觉。它们只在饥饿时才迫不得已离开绒布母猴，去铁丝母猴那里喝奶，喝完后便迅速返回到绒布母猴这里。而当一只发条玩具熊在旁边"咚咚"地打鼓时，害怕的小猴会选择紧紧抱住绒布母猴，寻求保护和安慰。（参见本书插图页第 3 页下图）

哈洛后来将绒布母猴转移到另一个房间，并继续让发条玩具熊打

鼓，小猴即使害怕也不选择铁丝母猴，而是隔着门缝眼巴巴地望着另一边的绒布母猴。

这一经典的心理学实验证明了爱存在的重要变量：接触。有时候婴儿明明吃饱喝足，身上也很洁净，但还是会不停地哭闹，这时候不妨亲密地搂抱他，让他感受到爱抚，特别是妈妈抱着的时候，宝宝会感觉更舒适。这就是因为接触带来了安慰，而安慰感才是人与人之间产生爱的最重要的元素。

66　胎教有科学依据吗？

许多妈妈非常注重孩子的胎教，当宝宝还在妈妈肚子里的时候，就每天跟宝宝说话、讲故事、放音乐，并且坚信这些做法有助于胎儿的智力发展，使宝宝未出生就赢在起跑线上。那么，肚子里的宝宝真的可以听到或者感觉到妈妈的良苦用心吗？这样做是否有科学依据？

研究发现，4个月的胎儿即可对外界的声音有所感知，而且胎儿得到的声音信息特别丰富，凡是能透过母体的声音，胎儿都可以感知到。这是因为人体的血液、体液等液体传递声波的能力比空气大得多。这些声音信息不断刺激胎儿的听觉器官，并促进其发育，听觉在人体的智力发育中起着非常重要的作用。当胎儿发育到五六个月时，其大脑皮质结构已经形成，此时胎儿已经有了能够接受外界刺激的物质基础。

但是，为什么胎儿出生之后好像很少会记得在妈妈肚子里受过的教育？那是因为，在胎儿阶段，虽然接受刺激的生理结构已经成熟，但是记录这些刺激的记忆基础尚未形成，也就是说，即使胎儿感受到了外界的各种刺激，也无法系统地把它们记录下来。不过，越来越多的研究者相信，这些在胎儿阶段接受的有益刺激会留下一定的印迹，对胎儿的发展产生一定的影响。

67 为什么小宝宝不认识镜子中的自己？

成龙主演的影片《我是谁》，讲述了一位美国特工在一次特别行动中失去了记忆，因而一直追问"我是谁"的故事。这个问题是否也曾困扰过你？其实它的答案可以有很多，可能是："我是一个学生"，"我是一个男孩"，"我是一个多愁善感的人"。在心理学上，"自我"的概念划分为自我认识、自我的情绪体验和自我的控制与调节。那么，人是从一出生就对自己是谁、是一个怎样的人有非常清楚的认识的吗？

其实刚出生的宝宝是不知道自己与环境中各种事物的区别的，就算他在镜子里看到自己，他也不会意识到那就是自己，现在想想这是一种多么神奇的状态呀。那么是从什么时候起，人开始意识到自己和其他事物的不同，也就是说，从什么时候开始人有自我意识（self-consciousness）了呢？

心理学上有一个著名的"点红"实验，可用来证明人自我意识的萌发。这个实验是这样的：研究者们在 9 到 24 个月的小宝宝们的鼻子上画一个红点，然后让这些小宝宝去照镜子，观察他们的反应。结果发现，15 个月及以上的宝宝才开始会去尝试擦自己的鼻子去掉红点。也就是说宝宝到 15 个月大，才可以区分出镜子里看到的也是自己，才能把自己从看到的各种事物中区分开来。另一个很好的例子就是，年龄比较小的宝宝在描述自己的时候，往往爱用名字而不是"我"指代自己，例如，"小明现在要吃饭饭了"，这其实也是一种没有将自己完全跟其他的人区分开来的表现，宝宝在描述自己的时候就像在说别人的事一样。

通过观察可以发现，孩子自我意识的培养主要通过以下两个途径：反复循环式的活动，以及温柔体贴的语言交流。而幼儿自我意识的发展则要经过 3 个阶段——

物—我知觉分化：新生儿最初不知道自己身体的存在，在吸手指等感觉活动中，才有了自我的感觉。1 岁末时，幼儿已经能够将自己的动作和动作的对象区别开来，比如，推球，球滚了出去。

人—我知觉分化：3 个月大的婴儿开始出现对他人的微笑。6 个月以前的婴儿已能对不同的他人作出不同的反应。10 个月时出现和镜中自我形象玩耍的倾向。1 岁零 8 个月开始能区分同伴。2 岁零 2 个月的幼儿能准确认识镜中或照片上的自我形象，这标志着儿童出现了最初的自我意识——自我知觉。

有关自我词的掌握：1 岁开始，幼儿能将自己同表示自己的词语或名字联系起来，比如，"妞妞要吃苹果"等。2 岁末幼儿开始能使用物主代词"我的"，直到能使用人称代词"我"。

由此可见，人的自我意识并不是与生俱来的，而是在出生后的十几年中，逐渐把自己和客观的物体区分开来，慢慢形成了对自己的清晰认识与判断，知道自己的特点，学会控制自己。

68 遗传的作用到底有多大？

你听过这些说法吗：孩子的性别由爸爸决定；身高父母各占一半；性格是爸爸的遗传作用大；母亲对孩子智商的影响是父亲的 3 倍。人们一般都相信，父母的个性甚至是某些偏好都会通过遗传的方式传给自己的孩子。事实到底如何？让我们来看看一项关于双胞胎的有意思的研究。

有关人类遗传作用的研究通常采用家谱与血缘分析，或者双生子对比研究。后者对同卵双生子或异卵双生子或普通兄弟姐妹的比较，是研究遗传对心理发展作用的最有效的途径。

世界上有两种类型的双胞胎，一种是同卵双胞胎，他们的遗传物质是完全相同的，也就是比较常见的长得很像的双胞胎；另一种是异卵双胞胎，虽然他们同时从妈妈的肚子里出生，但是他们的遗传物质并不完全相同。这里介绍的这个研究，其研究者选取的双胞胎中，有一部分双胞胎是同卵的双胞胎，另一部分是异卵双胞胎。如果这些异卵双胞胎跟同卵双胞胎出现了不同程度的性格差异，那就证明遗传物质在其中起到了一定的作用。因为无论同卵双胞胎还是异卵双胞胎，他们从小到大的生活经历几乎是完全一致的。

研究者们选取了 139 对 4 岁半的同卵和异卵双生子，就情绪稳定性、活动性（爱动或好静）和社会性（活泼或羞怯）3 种人格特质进行了评定。结果发现，同卵双胞胎的形似度要明显高于异卵双胞胎。这说明，即使是个性这种看起来跟社会环境更相关的特质，也受到遗传很大的影响。

通过双生子对比研究后发现，人的体征的遗传制约性比行为能力的遗传制约性要大，其中头发和眼睛颜色的遗传最为明显，不同的心理行为受遗传的制约程度不同，如言语、空间等能力的遗传一般要大于记忆、推理方面的遗传，人格方面也存在着遗传效应。

69 催眠真的能让人睡着吗？

一个人可以悬空躺在两把椅子之间，然后身体像木板一样让另一个人站上去。这不是科幻片里的情节，而是真实存在的催眠场景。听起来非常不可思议，但是催眠术确实可以让人呈现在一般情况下完全不可想象的状态。那么催眠到底是怎么回事，被催眠的人是睡着了吗？

催眠，英文写作 hypnosis，源自希腊神话中睡神 Hypnos 的名字。催眠术是运用暗示等手段让对象进入催眠状态并能够产生神奇效应的

一种手段（参见本书插图页第 7 页上图）。它以人为诱导（如放松、单调刺激、集中注意、想象等），引发一种特殊的类似睡眠又非睡眠的意识恍惚的心理状态。在催眠过程中，被催眠者会遵从催眠师的暗示或指示，并作出反应。前面所提到的情境，就是被催眠者在催眠师的暗示下，想象自己的身体像木板一样僵硬，甚至可以承受另一个人的重量。

催眠术具有非常悠久的历史，早在 18 世纪，就已经出现了有关催眠术的记录。当时，催眠术被认为是一种神奇的巫术，可以用来治疗人的某些疾病。如今，催眠术也被广泛地应用于一些儿童的行为障碍以及某些神经系统问题的治疗。催眠术神奇的暗示效果，在建立信心、提升个人的积极性等方面都有很显著的作用。催眠的这一特点也在很多高智商影视作品中得到了体现甚至夸大。

但是至今，科学还是无法完全解释催眠的原理，催眠的效果也与被催眠者的个体特点以及催眠师等因素有很大的关系。不过有一点是可以肯定的：虽然催眠术能在一定程度上控制人的行为，但即使被催眠了，个体也不会做出突破个人道德底线的事情。

其实从广义的角度来看，我们每天都活在催眠中，自我催眠或者别人的催眠时时刻刻影响着我们，所以，每个人都可以做催眠或自我催眠。另外，催眠现象也是人的一种自然适应的反应，生活中也有这样的自然催眠现象。比如公路催眠就是一个典型的例子。驾驶员长途驾驶，道路两旁相似的风景、单调的汽车马达声往往会诱发催眠状态，易导致事故，所以公路旁通常会设置一些醒目的标志，或者有意识地将公路筑成弯道，避免诱发公路催眠。

70 为什么心理咨询师能从你的画中看出你的心事？

你知道吗，心理咨询师有时候可以从来访者一幅简单的画里面了解到对方的意识和潜意识中的想法。是不是难以置信？那么心理医生到底是如何做到的，又可以从画中了解到哪些想法呢？

其实并不是任意一个来访者随便画什么画，心理咨询师都可以发现对方心里在想什么。想要通过一幅简单的画就洞悉人心，它需要通过一种特殊的方式——心理投射测试来进行。

所谓的投射测试（projective test）是指那些把测试目的加以隐蔽的间接技术。心理咨询师通常会把一些无意义的、模糊的、不确定的图形、句子、故事、动画片片段等呈现给被试，问其看到、听到或想到了什么，以此作为反馈信息，在此基础上加以分析处理和解释。比如常用的罗夏墨迹测验（RIBT），它包括 10 张墨迹图片，5 张彩色、5 张黑白，被试可以从不同角度看图片，作出自由回答（参见本书插图页第 5 页上图）。而心理医生不仅要记录他们的语言反应，同时还要注意其情绪表现和伴随的动作。

前面所说的通过一幅画来了解一个人的心理就是著名的房—树—人测试。在这个测试里，要求被试自由地在纸上画出房子、树和人。心理咨询师可以通过分析被试所画的房子、树和人的位置、数量、大小等特点来分析一个人的心理。例如，房子如果有很坚固的墙壁，而且没有窗户，就代表这个人的个性非常封闭，自我保护的意识非常强。但需要注意的是，单凭一幅画的内容不足以反映一个人的所有内心世界，对于房—树—人画的解读还需要结合作画者自己的解释和他平时的表现。

71　人为什么会有喜怒哀乐？

就像饮食离不开酸甜苦辣咸五味调和，我们的生活也每时每刻被喜怒哀乐包围着：和煦的阳光、清凉的海风会使人心旷神怡；拥挤的街道、堵塞的车辆会使人感到烦躁不安；关键性的考试、忽然被点到名来回答问题则会让人感到焦虑和紧张。那么，你思考过人为什么会有情绪吗？为什么有时开心，而有时会沮丧呢？为什么会因为一时的情感冲动，而做出不理智的事情？是什么在影响我们的情绪呢？

情绪，是人的各种感觉、思想和行为综合产生的心理和生理状态，是对外界刺激所产生的心理反应，如喜、怒、哀、乐等，也会附带一些生理反应。它是个人的主观体验和感受，常跟心情、气质、性格和性情有关。

那情绪仅仅是一种心理体验吗？它真的像人们通常认为的那样变

化无常吗？著名的心理学家艾利斯尝试从科学的角度来解释各种情绪是如何产生的。他认为引起人们情绪的是外界的事件，人们的情绪或者行为则是结果，而这其中还有一个关键的影响因素，它直接决定了人对同样的事情是不是会产生不同的情绪。这就是"信念"（brief）。

所谓信念就是人自己认为可以确信的看法。也就是说，当外界发生变化的时候，影响人产生不同情绪的是人对事件的看法而不是事件本身。举例来说，同样是考试没有取得好的成绩，如果你把这看作是人生的一次失败，那么你可能会变得非常沮丧和难过；如果你把它看成继续努力的动力，那么你的情绪就会是积极向上的。而信念是跟一个人的个性、偏好都有关的，做一个积极向上的人，也许任何困难都不会给你带来困扰！

72　为什么人的智力不会随着年龄而一直增长？

小时候的我们总是觉得大人充满了智慧，父母、老师什么都懂，什么样的问题都问不倒。等到稍微长大一点的时候，发现大人们也不是无所不知的，有时候甚至会觉得自己比他们更聪明。那人的智力发展究竟是怎样的呢，真的会随着年龄增长而不断增长吗？

要回答人的智力是否一直增长这个问题，就要看"智力"是如何被定义的。不同流派的心理学家赋予了智力不同的定义。有的流派仅仅把推理能力、数理能力等作为智力，而有的流派则把艺术能力，甚至是人际交往的能力都作为智力的内容。

美国心理学家雷蒙德·卡特尔把人的智力分为"流体智力"和"晶体智力"。流体智力是指人不依赖于文化和知识背景而对新事物进行学习的先天能力，如注意力、知识整合力、思维的敏捷性等；而晶体智力则是指人后天习得的能力，与文化知识、经验的积累有关，如知识的广度、判断力等。流体智力随着时间的推移，逐渐积累，又逐渐流失。而晶体智力则随着时间的推移，不断增多。

学界普遍认同的是，智力的发展不是等速的，一般是先快后慢，到了一定年龄时会停止增长，然后随着人的衰老，智力开始逐渐下降。在人的一生中，智力水平会随着年龄的增长而发生变化。美国心理学家韦克斯勒用成人智力量表，对各年龄段的被试经过分层抽样进行测试，结果发现 20 到 34 岁是智力发展的高峰，以后逐渐下降，60 岁以后则迅速下降。

这一情况，刚好跟实际符合。随着年龄的增长，尤其是步入老年，我们的记忆力、判断力都会逐渐下降，但是，长年生活的阅历和经验可以补充这些能力的下降所带来的影响。所以民间有"姜还是老的辣"这一说。

73 为什么会人格分裂？

你看过著名的心理小说《24 重人格》吗？小说里面的主人公拥有惊人的 24 重人格，这些人格分别呈不同的特征，有的是小女孩的，有的是深沉的男性的，有的是软弱少年的，就好像"在一个身体里住着好几个灵魂"。在小说里面，这些人格交替出现，有的时候在短时间内还会出现各种人格"开会"的神奇场景。这样的情况真的存在吗？为什么会出现这样的情况？

这被人们称为"人格分裂"，其学名为"解离症"（dissociative disorder），它的主要特征是患者将引起他心理痛苦的意识活动或记忆，从整个精神层面解离开来以保护自己，但也因此丧失其自我的整体性。其实，很多所谓的"鬼上身"（或"鬼附"）现象，很可能是从解离症来的。此类患者在临床上并不常见，而多见于戏剧、小说中。

分离出来的人格可以分成主体人格和后继人格，主体人格一般比较积极和正面，是人格中"正义"的一面；而后继人格则可能是消极的、充满攻击性的、混乱的，是人格中"邪恶"的一面。人格分裂患者的每一个人格都是稳定、发展完整、拥有各自思考模式和记忆的。分裂出的人格包罗万象，可以表现出不同的性别、年龄、种族，甚至物种等特征。它们轮流出现并控制患者的行为，此时原本的人格对于这段时间是没有意识也没有记忆的。分裂出的人格之间知道彼此的存在，心理学上称为"并存意识"（co-conscious），如果并存意识较好，它们甚至可以内部沟通，就像上面提到的人格"开会"的现象。人格分裂的患者如果控制不好自己的多重人格，出现混乱，则可能会做出伤害自己的事情。

对人格分裂的成因多有争议。有理论认为多重人格与童年创伤相关。当受到难以应付的冲击时，患者以"放空"的方式，找到"这件事不是发生在我身上"的感觉，这对长期受到严重伤害的人来说，或许是必要的。目前心理学和医学都还没有对人格分裂的成因给出非常完整的解释。有一点可以确定的是，如果个体长期处在矛盾和压力的状态下，伴随产生的愤怒或不满就会越来越多地被压抑入分离的人格部分。个体为了释放这样的压力，就有可能分离出"消极的人格"，周期性地出现，接管原有的主体人格，导致出现紊乱的行为。当然，这样的情况在临床上是极少出现的。

74 性格测试真的准吗？

很多人除了看星座分析外，还喜欢做一些杂志报纸上的性格小测试。那么，这些小测试到底准不准呢？

20世纪40年代晚期，美国心理学家伯特伦·弗瑞尔（Bertram Forer，1914—2000）做了一项非常有名的实验。他要求选修他开设的《心理学导论》这门课程的学生完成一项性格测试。一个星期后，他发给每个学生一份报告，告诉他们上面是根据他们测试分数得出的性格描述，并要求他们对这份报告描述的准确性进行打分，0 为非常不准，5 为非常准。如果觉得性格测试结果比较准的同学就举手。

让我们先来看看其中一份性格描述是怎么说的：

> 你需要别人喜欢你和欣赏你，但你通常对自己要求苛刻。虽然你在个性上的确有一些弱点，但你通常能够设法加以弥补。你在某些方面的能力并没有得到充分的发挥，所以还未能变成你的优势。从外表来看，你是一个讲求自律和自制的人，但内心却常常焦虑不安。有时候，你会强烈怀疑自己是不是作出了正确的决定或正确的事情。你倾向于让自己的生活有所改变和变得丰富多彩，在遇到约束和限制时你会感到不满。你很自豪自己是一个能够独立思考的人，如果没有令人满意的证据，你不会接受别人的观点和说法。不过，你也觉得在别人面前过于直言不讳并不是明智之举。有时候你很外向，比较容易亲近，也乐于与人交往，但有时候你却很内向，比较小心谨慎，而且沉默寡言。你有很多梦想，其中有一些看起来相当不切实际。

看了上述报告，你是不是觉得用来描述你的性格说得也非常准呢？不用惊讶，因为弗瑞尔教授发现全班的同学都把手举起来了。这段描述并不是根据学生的测试得分而来的，而是弗瑞尔教授从不同的性格描述中选取了 10 句话拼凑出来的。尽管班上所有的学生都得到了相同的一段描述，但还是有 87% 的学生给予了 4 分或者 5 分的评价。这是什么原因呢？著名的美国马戏团艺人菲尼亚斯·泰勒·巴纳姆曾经说过：任何一流的马戏团都应该有能力让每个人看到自己喜欢的节目。这就是"巴纳姆效应"（Barnum effect）。人们很容易受到外

界信息的暗示，出现自我知觉的偏差。每个人都相信一个笼统的、一般性的人格描述特别适合自己。即使这个描述十分空洞，也会被认为这段话将自己刻画得细致入微、准确至极。多年来的研究显示，无论男女老幼，无论什么种族、职业，无论是否相信占星术，几乎每个人都会受到巴纳姆效应的影响。

当然，算命，性格测试等预测除了有心理方面的原因，还可以用概率学来解释。事物都具有两面性，因此这些预测常常有50％的胜算。"有爱心，有一点追求完美。"像这样大众化的描述，大多时候是奏效的，当然也有50％失败的机会。而像"时而内向，时而外向"这样面面俱到的说法，就更容易说到人们的心坎上了。

75 人的性格有固定类型吗？

有的人开朗，有的人却忧郁；有的人在失败后可以马上振作起来，有的人却在挫折面前一蹶不振。人的性格是否有固定的类型呢？人会有多少种性格？

人的性格是多面的，一个人可能是开朗的、粗心的，但在某些事情上却又表现出沉郁、细心的特点。人的性格到底有多少面，每一面又有多少种呢？不同的心理学家从不同的角度进行了探索。

有的心理学家尝试用枚举的方法，企图穷尽所有的人格特质，例如，人格心理学家卡特尔通过大量的研究，提炼了乐群、聪慧、自律、独立、敏感、冒险、怀疑等16个相对独立的人格特质，通过他的人格测试，你可以了解在你的性格中最突出的品质有哪些。

有的心理学家将性格划分成不同的方面，每个方面都有不同的程度。例如，英国心理学家艾森克（Hans J. Eysenck，1916—1997）将人的性格分为两个方面，一个是内外向，另一个是稳定程度，内外向代表着一个人的个性是开放、外向的还是内敛的，稳定度是指一个人的情绪状态是稳定的还是变化无常的。两个维度排列可以得到4种组合，外向—稳定、外向—不稳定、内向—稳定和内向—不稳定。

美国学者霍兰德（John Henry Holland，1929—　）提出了人格—职业匹配理论，认为一个人的性格、兴趣与职业密切相关。经过长期的研究，他把人的性格划分为6种类型：实际型、调查型、艺术型、社会型、企业型和传统型。

可以看到，学者们对性格类型分类是从不同角度出发，对筛选出来的相关特征加以概括从而揭示人的性格的典型特征的。但人的性格是一个复杂的多面体，会随着不同的情境而表现出不同侧面，没有任何一位心理学家的性格理论可以概括所有的情况。当然，在实际生活中，按照某一类标准把人的性格归为不同类型还是具有一定的理论意义和应用价值的。

76 你发现你的"疤痕"了吗？

有时候我们会听到朋友这样的抱怨："今天真奇怪，路上好多人都看我，肯定是因为我昨天剪了一个失败的发型。"其实，要不是他提起来，我们也许根本就看不出他的发型有什么奇怪的地方，但他为什么会作出这样肯定的结论呢？

心理学家曾经做过这样一个实验：他们征募了 10 位志愿者，把他们分别安排在 10 个没有任何镜子的房间里，告诉他们精湛的化妆技术将会把他们变成一个脸上有疤痕的丑陋的人，然后他们的任务是要观察和感受陌生人对自己的反应。专业的化妆师在每位志愿者左脸颊上精心地制作了一个令人生厌的疤痕之后，让每位志愿者照镜子，看清带着疤痕的自己的样子，随后心理学家就收走了镜子。之后，心理学家告诉志愿者，为了让疤痕更逼真、更持久，他们需要在疤痕上再涂抹一些粉末。而事实上，化妆师并没有在疤痕上涂抹任何粉末，而是将假疤痕彻底擦干净了。然而，所有的志愿者并不知道事情的真相，他们始终认为自己的脸上有一块丑陋的疤痕。随后，志愿者们被分别带到了各大医院的候诊室，装扮成急切等待医生治疗面部疤痕的患者。候诊室里人来人往，全都是素昧平生的陌生人，志愿者们需要观察和感受人们的种种反应，在实验结束后向心理学家汇报自己的感受。

虽然早有心理准备，但实验结果还是着实让心理学家们吃了一惊，志愿者们的感受居然出奇的一致。他们滔滔不绝地申诉陌生人对自己的厌恶，指责他们缺乏善意，而且眼睛总是很无礼地盯着自己脸上的伤疤。比如其中有个志愿者说道："候诊室里那个胖女人最讨厌，一进门就对我露出鄙夷的目光。她都没看看她自己，那么胖，那么丑！"而他却不知道他的脸上早就没有了疤痕，他会有这样的感受完全是因为自己把"疤痕"装进了心里。这个心理学实验向我们展示的是：人们对于自身错误的、片面的认识，竟会如此深刻地影响和改变自己对外界的感知。

我们每个人的心里，虽然并没有实验中设置的那种疤痕，但或多或少会有这样那样的瑕疵，有着不被自己接纳的东西存在，这些都会成为我们心理上的"疤痕"。比如一个认为自己胖的女生，她在和别人交往的过程中会表现得很没自信，总是认为大家在嘲笑她，用异样的眼光在看她。在这些"疤痕"的影响下，我们不知不觉地放大了那些负面的信息，曲解了他人的意图，甚至给予他人不良的评价。同时这些"疤痕"也让我们的心理变得扭曲和极端。当我们在评价他人对我们的看法时，我们应该想想他们真的是这样看待你的吗，还是你心里的"疤痕"在影响着你呢？

77 为什么你会有自己也不了解的一面？

有一天你的朋友突然对你说："你知道吗？你有时候特别固执，根本听不进别人的意见。"你听了觉得有些吃惊：自己怎么从来没有发现呢？虽然有些不愿意承认，可是经朋友这么一说，你仔细想想，的确发现了自己固执的一面。这并不是什么稀奇的现象，因为不仅对别人，我们对自己的认识也存在着盲区。"乔哈里窗"就很好地展示了这一点。

乔哈里窗（Johari window）是一种关于沟通的技巧和理论。这个概念最初是由美国心理学家乔瑟夫·勒夫（Joseph Luft）和哈里·英格拉姆（Harry Ingram）在 20 世纪 50 年代提出的，因此就以他俩的名字合并命名。这个理论把人的内心世界依据人际传播双方对传播内容的熟悉程度分为 4 个区域：公开区、隐藏区、盲区、封闭区。 如下图所示：

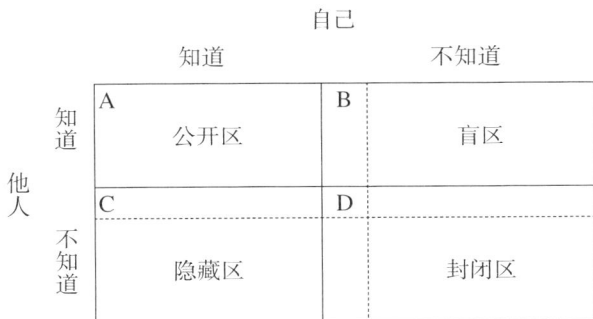

A 区是自己和他人都能够意识到的区域，称为"公开区"。例如你的名字，你的手机号，你家楼下的餐馆等。B 区是别人可以知道而自己无法意识到的部分，称为"盲区"，比如你与人交往的方式，他人对你的评价等。C 区是自己知道别人不知道的区域，称为"隐藏区"，也可叫"隐私区"，比如你的秘密，你的人生态度，你对他人的好恶评价等等。而 D 区则是自己和别人都没有认知到的部分，称为"封闭区"，比如你的潜能，这是尚未开发的，有可能积攒着巨大的能量。

如图中虚线所示，如果你将隐藏区公开，你的盲区和封闭区就会相应缩小，你可能会了解到自己没有意识到的一面，你的潜能也可能得以开发。而与他人真正有效的沟通，只能在公开区内进行，因为在此区域内双方交流的信息是可以共享的，沟通的效果可以令双方满意。所以将公开区扩大更容易实现有效的沟通。但隐藏区的扩大也存在着风险，过于隐私的信息被公开也许并不能带来正面的影响，反而会阻碍个人的发展和沟通的有效性。

无论如何，乔哈里窗在分析以及训练个人发展的自我意识，增强信息沟通、人际关系、团队发展、组织动力以及组织间关系等方面都发挥了良好的作用，逐渐成为被广泛使用的管理模型。

78 为什么我们会用"心理武器"来保护自己？

人是一种自我保护性非常强的动物，在我们遇到危险的时候可能会下意识地抓起身边的东西来进行防御。其实我们还会下意识地使用一些无形的武器来自我保护，比如当我们遭到他人批评时，我们会否认或者进行辩护，这就是"防御机制"。

防御机制（defense mechanism）这一概念最早由弗洛伊德提出，之后他的女儿安娜·弗洛伊德（Anna Freud，1895—1982）进行了整理，给予了明确的定义。它是自我保护的一种功能，是为了减轻或消除人格内部的冲突，降低或避免焦虑而采取的措施，以保持人格的完整和统一。防御机制的使用是无意识的，往往具有与现实相脱离的特性。下面让我们简单地了解几种主要的防御机制：

（1）压抑（repression）。压抑是自我通过某种努力，把那些威胁到自身的东西排除在意识之外，或使这些东西不能接近意识。这和抑制是有区别的，比如一个目击犯罪过程的人在事后否认见过这件事，也许他并没有说谎，而是因为他认为这件事太过恐怖而压抑在意识之外了。

（2）否认（denial）。否认就是否定特定的事实，开始时是看不到事实，然后是歪曲事实。否认可怕性事实的存在，以减缓随之而来的焦虑。比如小孩打破东西闯了祸，往往用手把眼睛蒙起来；又或者一个丧偶的男性因为深爱自己的妻子，所以他在妻子去世后的所作所为都好似妻子还活着一般。

　　（3）投射（projection）。投射是一种将引起焦虑的原因向外转移，将不可接受的思想和感情归因于其他人，从而使个人避免恐吓性焦虑的方式。比如一个人没有能力完成一项任务，他会觉得是上司故意刁难自己。

　　（4）替代（displacement）。替代也称移置，指的是将对某个对象的情感、愿望转移到另一个较为安全的对象上，而后者完全成为前者的替代。比如一个员工受了上司的气没处发泄，在回家的路上无来由地踢了路边的一只流浪猫，这也是所谓的"踢猫效应"。

　　（5）反向形成（reaction formation）。反向形成就是将内心不能接受的、不愉快的观念、情感、冲动夸张性地指向相反的方向。比如一个极度悲伤的人可能表现得异常高兴，夸张地大笑，我们常常在影视剧中看到这种反差极大的情绪表现。

（6）合理化（intellectualization）。合理化指的是为了化解某种负面情绪，给出一些合理化的解释。比如鲁迅先生笔下阿Q的精神胜利法。

（7）升华（sublimation）。这是一种最成熟的防御机制，也是唯一真正成功的防御机制。升华就是将可怕的无意识冲动转化为社会接受的行为。如果你把本我的攻击冲动直接指向你想攻击的人，那么你将陷入困境。但把这些冲动升华为诸如搏击等体育活动，就可以被社会所接受。

79 为什么有人会极端地追求完美？

弗朗霍费是巴尔扎克的小说《不为人知的杰作》里面的人物，他用10年的时间画了一幅名为"美丽的诺瓦塞女人"的画。来拜访他的一位青年画家想一睹此画风采，但是弗朗霍费总是认为它不够完美而拒绝展示。他总希望这幅画臻于完美，有时觉得马上要大功告成了，可是很快又发现了新的毛病，似乎永远无法达到"最后一步"。后来青年画家答应让自己的女友做他的模特才终于得以走进画家的画室。青年画家看到了许多精美的画作，而老画家却不屑一顾地认为那些都是他的随意涂鸦，而他将自己最为得意的《美丽的诺瓦塞女人》展现在青年画家面前的时候，青年画家只看到了经不断修改后层层堆积的涂料。当他坦言画布上什么都没有之后，弗朗霍费选择了结束自己的生命，并在死前将所有画作付之一炬。

弗朗霍费这个人物就是一个典型的完美主义者，他的一生都在苛求完美，而最终却因为听到别人口中的"不完美"而深受打击选择结束自己的生命。我们在日常生活中时常听到有些人说自己是个完美主义者，他们的意思大多是指自己对完美的偏好，事物要尽可能完美才能使自己满意。但是对完美的追求和"完美主义"可不是一回事。

马斯洛在《动机与人格》一书中阐释人类的审美需要时举例说，当一个人看到墙上的画框发生倾斜，就会产生把它扶正的冲动。的确，人类表现出对完美事物的偏好、对不完美事物的厌烦，会为了消除不完美感而做出行动，行动的结果有可能带来完美感。在心理学的研究领域，这个概念又被分为"积极完美主义"和"消极完美主义"。"积极完美主义"是以追求完美为特点，而"消极完美主义"是以害怕不完美为特点。追求完美而规避或消除不完美，使人类行为具有了目标性和指向性，但完美主义者的认知和行为被此类感受强烈驱使，具有压倒性，这与一般人对完美的有限度的偏好是很不相同的。

完美主义者对自己的不完美和他人的不完美都会产生强烈的情绪反应。完美主义者发现自己或他人不完美时，会表现出失望、抑郁、焦虑或愤怒的情绪，这种情绪程度之重往往和事物的重要程度是不相符的。比如一个成绩优异的学生，因为总是拿不到年级第一而备受打击，认为自己的人生很失败，永远也不可能成功。再比如有人写字追求整齐美观，发现有一行字写歪了，或者有字写得不好看就要重写，大大影响了书写的速度，如果因为时间的原因不允许他更改，他会表现出很强烈的焦虑感。有不少临床个案和心理学家的研究都表明，完美主义和强迫性人格倾向有很大的重叠。追求完美可以是一个人行为的动机之一，但也可能成为一种伴随焦虑的超价行为（完美主义），也有可能成为难以摆脱的、由内在无可名状的恐惧导致的强迫行为，即神经性的完美主义。

80 为什么有的人很难从创伤中走出来？

2008 年 5 月 12 日，四川发生了震惊世界的"5·12"大地震，在这场灾难中，许多人失去了至亲，经历了巨大的痛苦折磨，救援人员也在救援的过程中见证了许多生死离别。在报道抗震救灾的新闻里，常常可以听到一个词——PTSD，它和地震后的心理救援紧密联系在一起。那么到底什么是 PTSD 呢，它与人们在灾难中所经历的痛苦究竟有怎样的关系？

"创伤后应激障碍"（post-traumatic stress disorder），简称 PTSD，指的是人在遭遇或对抗重大压力后，其心理状态产生失调的后遗症。这些带来压力的经历包括生命遭到威胁、严重物理性伤害、身体或心灵上的胁迫等。PTSD 的主要症状包括噩梦、性格大变、情感解离、麻木感、失眠、逃避会引发创伤回忆的事物、易怒、过度警觉、失忆和易受惊吓。它在病程上分为 3 种类型：急性型，病程短于 3 个月；慢性型，病程 3 个月或更长；迟发型，创伤性事件发生 6 个月之后才出现症状，最长的会持续十多年。

一般人在经历重大的灾难或者生活变故的时候，也常常会出现噩梦、失眠、逃避现实、过度警觉等现象，那么，这些症状是否属于 PTSD 呢？

其实在正常情况下，以上的这些现象会随着时间的推移而慢慢消退，噩梦的次数减少，失眠的情况改善，人会从痛苦中慢慢恢复过来。但是患有 PTSD 的人却不一样，他们在灾难等创伤性事件过去之后很长一段时间，依然处于灾难刚刚过去时的状态，仍然很容易闪回到直接经历过的痛苦事件的场景，存在很严重的失眠、警觉等问题，这对患者来说是非常痛苦的过程。而目前针对 PTSD 相对比较有效的治疗方案是进行药物治疗和及时有效的心理疏导。

其实，PTSD 离我们并不遥远，接近 90% 的人在其一生中至少经历过或目击过一件创伤性事件，有 37.7% 的人遭受或目击过暴力攻击（如强奸、殴打、军事战争），59.8% 的人受到过伤害或惊吓（如威胁生命的事故、自然灾害、疾病或目击创伤性事件），60% 的人曾面临突发的亲人意外身亡，62.4% 的人经历过亲人非致命性的创伤性事件（如父母在交通意外中严重受伤）。这些都可能导致 PTSD。

创伤性事件对生命构成威胁的程度越高，丧失的人或事物对个体的重要性越大，发生速度越快，创伤持续时间越长，患上 PTSD 的可能性就越大。同时，灾害再次发生的可能性，在多大程度上目睹了死亡、濒死及毁灭，创伤性事件发生中个人角色以及发生后各类组织和机构对事件的反应等都决定了 PTSD 的发生率。

81 为什么沙盘可以起到心理治疗的作用？

你见过心理咨询师用各种各样的微缩模型给病人治疗吗？他们只需让来访者挑选自己喜爱的、代表不同形象和事物的小物件，并摆放在一个模拟的小沙滩上，就可以看透来访者不为人知的内心，并通过这样的方式和对方进行交流，以达到治疗的目的。这种方法真的有这么神奇吗，它的原理又是什么？

这种听上去不可思议的心理治疗技术就是"沙盘治疗"（sandplay therapy），又称"箱庭疗法"。而那些可以随意选择和摆放的小物件叫作沙具，主要有 10 类：人物、动物、植物、建筑物、家具和生活用品、石头和贝壳、交通运输工具、战争武器、食品果实以及其他。每类下的每个沙具又有其独有的象征意义，如军人象征攻击性、愤怒及破坏，提示心理矛盾冲突；鱼象征财富、机遇、自由、性等。

沙盘治疗的基本过程是这样的：治疗（咨询）师会让来访者按自

己的想法和兴趣，挑选沙具架上的各种沙具，然后放在固定的装有沙子的沙箱里，摆出自己喜欢的样子。在这个过程中，治疗师会在一旁观察来访者选取的沙具的品种，摆放的位置、顺序等信息，这些都代表着复杂的心理含义。

通过摆放沙盘内的沙具，来访者可以塑造一个与他（她）内在状态相对应的心理世界，展现出自己的美妙的心灵花园。摆放沙盘的过程相对独立，不像一般的心理咨询那样需要通过问答来进行。也正是在这样相对安全的氛围中，来访者可能会流露出更多内心的想法。沙盘治疗的主要适用人群往往具有以下特征：不会说，比如年龄幼小，语言表达能力欠缺；不能说，如存在语言障碍；不愿说，如受精神创伤后的障碍、自闭症、社会适应问题困扰，以及患有神经症（神经性不安、口吃等）、身心症（摄食障碍、紧张性胸闷、失眠等）。同时沙盘也是针对青少年心理健康教育的一种有效方法，一来沙盘治疗的形式对青少年比较有吸引力，二来丰富的沙具可以开发他们的想象力与创造力。（参见本书插图页第5页下图）

沙盘治疗的功效来自生成沙盘布景的过程本身，而不是最终呈现出的作品。治疗师在这个过程中的主要角色是一个观察者，当治疗师和来访者通过沙盘同时体验到沙盘游戏者的内心世界时，他们的情感就实现了紧密的联系。

82 为什么心中有事就希望向心理咨询师倾吐？

心理咨询在你的印象中是怎样的呢？躺椅，催眠，戴着眼镜的咨询师？你是否觉得心理咨询非常神秘而带有奇幻色彩？心理咨询到底是什么，它又是如何帮助那些来访者的呢？

在西方，心理咨询已经走进了普通人的生活，当人们遇到工作生活中不顺心的事情又无处宣泄时，会想到去找自己的心理医生。而在中国，心理咨询也开始逐步为平常百姓所接受，当产生一些情绪问题时，人们也会想到求助心理咨询师。

从形式上来看，心理咨询就是由一个心理咨询师和一个或多个来访者（在心理咨询过程中，患者被称为来访者）以对谈等方式进行交流，以达到帮助来访者解决心理（精神）困扰的目的。来访者通过这种交谈，不良情绪得以宣泄，内心积郁得到抒发，从而能够减轻心理负担，放下心理包袱。

生理疾病确诊之后可能仅有一种最佳的治疗方法，比如，发烧就需要吃退烧药，阑尾炎就要动手术。而跟治疗生理疾病不同的是，心理咨询的治疗方法可能会因治疗师的流派不同而有很大的区别。行为主义的治疗风格比较关注个体的行为，希望通过改变个体的行为来治疗其心理问题；人本主义的治疗风格则更加以来访者为中心，注意的焦点往往放在来访者自身，期望通过咨询师的引导，让来访者自己找到向上的力量。无论不同的心理治疗手段源自哪个流派，或者基于哪种心理学理论，来访者的痛苦和烦恼经过咨询师的介入，都可以得到不同程度的缓解甚至消除。

83　为什么有的学生学习那么费劲？

你身边是否有这样的同学，他（她）学习非常努力，往往比别人花更多的时间去记忆各种公式、背诵单词，老师和家长也都想尽一切办法帮助他（她）学习，但他（她）的成绩始终不见提高。而在平时的相处中，也感觉不到他（她）与其他同学有任何的不同或者存在智力上的缺陷。这到底是怎么回事呢？

造成学习成绩落后于同龄人的原因有很多，如生理上的缺陷（聋哑或者是残疾）、智力的落后、个人自身的努力不够等。而教育学家和心理学家把不能用那些生理缺陷和智力缺陷解释的学业能力的落后定义为"学习障碍"（learning disabilities，LD）。它表现为智力正常，但注意力难以集中，在阅读、发音、写作、计算等方面有特殊和明显的损害。同时，往往可合并语言发育延迟、品行障碍、社交技能缺陷等多种问题。

存在学习障碍的学生常常会经历以下的情况：无论他们多么努力地练习，还是会把数字写反；无论他们学习多少遍，还是无法掌握更加复杂的计算。学习障碍的成因很多，生理原因、环境的不良影响、大脑神经系统发育的不平衡、心理因素等都有可能引起学习障碍。这些学生会因为不断经受学业上的挫折，以及无论自己多努力也无法改变现状，而逐渐丧失学习的信心。

针对学习障碍的干预与治疗，首先要关注神经生理缺陷与躯体的疾患，还要积极改善这些学生的生存、发展与学习环境。当然，重在教育干预，也就是特殊的训练和帮助：训练行为技能，建立良好的行为习惯；加强认知技能的学习，学习有成效地加工字词的语义、语音，学习细节识别，利用具象建立数概念运算，以及视觉与听觉感知相结合的办法等。

面对有学习障碍的学生，朝夕相处的老师、家长和同学应该抱着理解和宽容的态度，营造轻松的学习氛围，让他们在相对宽松的氛围里，努力小步前进。

84 为什么莫扎特6岁就能登台演出？

音乐神童莫扎特6岁登台演出，诗人白居易半岁就已识字，骆宾王5岁已经写出著名的《咏鹅》，高斯不到10岁就表现出惊人的数学能力。天才儿童到底有何神奇之处，能够在出生后短短几年内就发展出超越常人的能力呢？

大多数人的智商在 80—120 之间，个体智商在 140 以上就被认为是智力超常了。智力超常的儿童，往往被称为"天才儿童"、"神童"或"超常儿童"。他们的智力发展显著超过同年龄常态儿童的水平，或具有某方面突出发展的特殊才能，能创造性地完成某种或多种活动。

被称为"智商之父"的美国心理学家刘易斯·推孟（Lewis Madison Terman，1877—1956）曾为此进行了心理学史上历时最长的纵向研究。自 1912 年前后，他们对遴选出来的 1500 名智商超过 140 的儿童进行了长达 40 年的追踪，经分析得到超常儿童的行为特征有：身体和心理发展、在校的学业成绩、社会能力都较一般儿童为优，学习兴趣也较广泛；父母社会经济地位、文化教育水平较高的儿童智力优异的较多；智力超常儿童的男女比例是 120：100，其中 2/3 为老大或独生子女。

事实上，智力的发展和大脑神经系统的发育是分不开的，许多天才儿童都表现出神经系统的早熟，也就是说他们神经系统的发育要快于一般儿童。大脑的成熟为天才儿童提供了基本的生理条件，让他们在逻辑能力、记忆力等多个方面表现出比同龄人更为显著的优势。

另外，良好的早期教育也是天才儿童的必要条件。如果不让儿童及早地积极用脑，进行一定的智力开发、思维锻炼的活动，儿童的大脑也是得不到很好发展的。莫扎特 6 岁可以登台，就跟他的父母早早地让他接触音乐密不可分。

当然，早期教育并不能决定一切，即使是天才儿童，一旦缺少后天的努力和奋斗，也只是昙花一现。许多天才儿童长大之后也只是从事普通的工作，而真正在科学、社会等领域取得惊人成绩的人，在小时候被认为是天才儿童的只占很少比例。

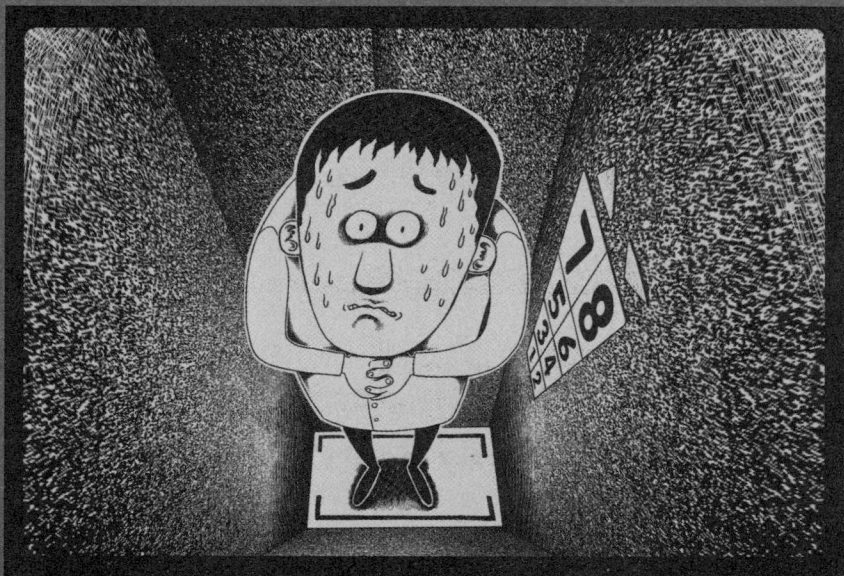

85　为什么有人会害怕密闭的空间？

　　你或者身边的朋友是否有这样的经历：当进入一个狭小的密闭空间之后，就突然感到非常害怕，会出汗、发抖甚至是呼吸困难，而一旦离开了这一密闭空间，这些不适的症状便马上得到缓解。其实这是一种常见的心理疾病，叫作"幽闭恐惧症"（claustrophobia）。

　　生活中，我们每个人都会有害怕的事物，比如，危险的野兽、陡峭的悬崖，但是也有一些人会害怕一些常人看起来完全不具有危险性的东西，比如，可爱的小动物、密闭空间甚至是人群。其实害怕这种情绪对人类是非常重要的，没有害怕我们就不懂得要躲避危险。这么说来，会让我们感到害怕的应该是会威胁到我们生命安全的事物，但为什么有些人会对一些并不会构成危险的特定的东西也感到害怕呢？

在并无危险的情况下，突然产生恐惧的情绪体验，伴随着对所害怕处境的极力回避，虽然本人也知道这种害怕是过分的、不应该的或不合理的，却无法控制恐惧的发作。出现这种症状的人很有可能患上了"恐惧症"。恐惧症的成因是复杂的，一次记忆特别深刻的恐怖经历、环境的影响等都会引起恐惧症。

据不完全统计，目前世界上已经出现的恐惧症种类有 400 多种。常见的如幽闭恐惧症是对密闭空间的一种焦虑症状，患者在某些情况下，例如电梯、车厢、隧道或者机舱内，可能发生恐慌状态，或者害怕会发生恐慌症状。再如广场恐惧症的患者会害怕开阔、人群拥挤的地方，而且通常会引发恐慌症状。因此，广场恐惧症患者通常喜欢待在家里，对外出则感到困难。而治疗恐惧症的关键就是打破对恐怖情景或恐怖事物的错误认识，采取精神分析、认知行为疗法，特别是满灌法、系统脱敏法等，在放松的状态下不断接近恐怖情景或恐怖物体，不断练习，慢慢地，恐惧的程度就会下降，甚至是消失。

86 为什么婴儿会用哭声引起大人的注意？

伤心的时候，你会有怎样的感受？会感到沮丧，会流眼泪。高兴的时候，你又有怎样的感受？会感到很开心，有时也会流眼泪。那么，哭到底传递着什么样的信号呢？

哭是人类的本能，刚出生的婴儿必须以一声啼哭来冲开呼吸道的阻塞，开始呼吸，若出生后不会啼哭，活下来都有困难。在婴儿时期，哭是唯一可以最快引起大人注意的方式，婴儿通过这一反应提醒照料者自己饿了、渴了或是想大小便了。若不会哭，还不会说话、行动的婴儿肯定生存不下来。人有了意识之后，就有了感情，哭也就成为联络、维系感情的一种特殊方式。比如，妈妈的离开会使幼儿感觉无助，便开始哭，而这样会引起妈妈的怜悯，增加双方的感情。否则，感情一定会大打折扣，即便成人也是如此。当然，还有一种哭是身体正常的生理反应，即因疼痛而引起的哭，这是生理的自我保护功能。

新生儿哭泣的原因有很多，最初主要是因为饥饿、冷、湿、疼痛、睡眠被扰醒。而新生儿发出不同类型的哭泣通常反映了其痛苦的性质，通过对 18 个婴儿在家里的观察，心理学家沃尔夫将哭泣分为 3 种模式：基本的（或称饥饿的）哭泣、愤怒的哭泣和痛苦的哭泣。研究者将婴儿因饥饿、痛和生气而发出的哭声录下来，放给不知情的母亲听，当这些母亲听到因痛发出的哭声时都立刻冲进房间查看自己的孩子是不是发生了什么意外，而听到另外两种哭声时反应就显得要慢一些了，由此可见，婴儿已经能用不同的哭声传达自己的情绪了。

不同背景下，哭有不同的含义。其实很多不同的表情或者生理反应都代表着一定的社会性含义，例如，笑代表开心，哭代表难过，皱眉代表疑惑等。由此可见，哭不仅仅是简单的生理反应，背后更蕴含着丰富的人际交往信息，也就是说，人可以通过他人的身体信号来了解其心理状态。

87　为什么有人辨认不出人脸？

不知道你是否有这样的感觉：好像外国人的脸都长得差不多嘛，看不出有多大的差别。其实中国人的脸对外国人来说也是一样，许多外国人也无法分辨亚洲人的脸。那么，你是否遇见过有人无法分辨自己国家人的脸呢，也就是无法通过人脸来识别别人，哪怕是非常熟悉的朋友或者亲人？

这并不是天方夜谭，而是真实存在的疾病，它的专业名称叫作"脸盲症"（prosopagnosia），也就是"面部辨识能力缺乏症"。细分起来，脸盲症有两种，一种是看不清人脸，另一种是无法区别不同人的脸。患有脸盲症的人，在熟人面前都会形同陌路，或者仅仅靠一两个特点来记忆别人，比如，卷头发，脸上有痣等。但是，脸盲症的人记忆力却并不比一般人差，他们能够记住名字、电话号码，甚至读过的书的内容。但令人困惑的是，他们就是无法记住别人的长相，甚至辨认不出镜中自己的模样。

其实区分人脸是一项很复杂的认知任务，它涉及人脑中众多的区域，有的区域是负责辨别人脸，有的区域是负责解读表情。所以脸盲症也有不同的类型，有人猜测不同的脸盲症可能是不同的大脑区域出现了问题。

而一般的无法区别外国人的面孔，并不是真正意义上的脸盲，只是因为生长环境的影响，导致个体只对熟悉的脸部特征有较高的敏感度，而对差异稍大的脸部特征就相对无法精确区别它们的特征。就像只有狗的主人才能在众多同一品种的小狗里辨认出自家的小狗一样。

88 为什么有人喜欢男扮女装？

美国著名的喜剧演员达斯汀·霍夫曼以反串女性角色而出名，那惟妙惟肖的表演让许多女性演员望尘莫及。在现实生活中，你也可能遇到这样的"怪人"，明明是男性，却更喜欢女性的装扮，常常把自己打扮成女性。

变装是指任何人为了任何理由、动机穿着"被视为属于另一个性别"的服装。其意义甚至也不限于性别，也有 Cosplay、角色扮演、化装舞会扮演行为等意思。达斯汀·霍夫曼装扮成女性只是因为剧情的需要，在生活中他对自己的性别没有任何的疑问。而生活中的那些"怪人"奇怪的行径背后，却是有深层次的心理原因的。

我们在很小的时候就已经逐渐形成一定的性别观念，知道自己是男孩子还是女孩子，我们学习了社会性别赋予我们的种种行为方式，例如，女孩子就应该是温柔的，穿裙子，喜欢玩洋娃娃，而男孩子就应该是坚强的，有冒险精神的。也就是说，性别对我们来说不仅代表着生理上的差别，也带有一定的社会属性的差异。

然而，在有些不幸的孩子的成长过程中，一些创伤性事件或者遗传因素的基因表达使得他们对性别产生了错误的认识，他们或者认为自己生错了性别，或者认为装扮成异性可以给他们带来更舒畅的感受，久而久之他们就形成了打扮成异性的行为习惯，甚至达到可称之为异装癖的地步，即通过穿着异性服装而得到性兴奋的一种性变态形式。但奇异的装扮也只能帮他们暂时逃避现实，别人奇异的目光和自己无法控制的行为其实也会让他们长期处于非常痛苦的状态。

89 为什么患厌食症的人不会感到饿？

我们常常在报纸杂志或者电视上看到一些骨瘦如柴的模特儿，她们身高出众而且体重也轻得令人咋舌。模特儿在接受各种采访的时候会声称自己吃得很少，所以才会保持这么纤细的身材。事实真的是这样的吗，为什么她们可以比一般人吃得少呢，她们是否也会感到饥饿？

进食障碍（eating disorder，ED）是以进食行为异常为显著特征的一组综合征，它有两种常见的表现，一种为厌食（anorexia nervosa，AN），即对所有的食物都没有胃口，进食量非常少，从而导致身形消瘦。这一症状存在典型的职业特征，比如在模特界，厌食症是很常见的。有些模特儿担心发胖而自愿以禁食、引吐、服用泻药等药物、过度锻炼等方法过度追求减轻体重，甚至在明显消瘦的情况下还认为自己太胖。进食障碍的另一种典型症状为贪食症（bulimia nervosa，BN），患者虽然吃得很多，但是吃完之后会采取催吐、吃腹泻药等方式将吃进去的东西都再排泄出来。不管过程如何，最终的结果就是患者的身形逐渐消瘦，甚至达到病态的状态。在这样的状况下，患者已经感觉不到饥饿。

总而言之，无论是哪种情况，患者都是以不健康乃至伤害自我身心的方式进食或拒绝进食，以掩盖自我的焦虑、绝望及社会适应或人际关系困难。

进食障碍常见于青春期的女孩，她们往往存在严重的体象障碍，即对自己外貌和身体形象的认知扭曲并感到焦虑，拼命追求更瘦的身材，总是不接纳、不满意自己的体貌，否认自己的优点，夸大自己的缺点。这是因为青春期的女孩正在经历自我意识发展，了解自己是谁、自己应该是怎么样的关键时期，所以也会特别关注自己在别人心目中的形象，因而要求完美。其实，真正决定一个人是否美丽的并不是体重，而是积极向上、智慧、独立自强等内在因素。

90　为什么音乐可以治病？

电影《海上钢琴师》中，主人公琴艺精湛，其演奏的乐曲不仅旋律优美，而且有直达人心的魔力。的确，美妙的音乐可以给人带来各种各样的情绪体验，快乐的舞曲能让人心神愉快，雄壮的进行曲可以让人精神振奋，悲伤的协奏曲则会让人陷入沉思。既然音乐有如此强大的感染力，是否可以借助它的力量改善人的情绪呢？音乐是否也可以治病？

很久以前心理学家就发现音乐对改变人的心境有神奇的效果，但这样的效果仅仅是由乐曲本身描绘的场景带来的，还是说其中有更深层次的原因？没有音乐欣赏能力的人是否也可以接受音乐治疗呢？

要解答这个问题，我们首先应该知晓音乐疗法的原理。科学家认为，当人处在优美悦耳的音乐环境中时，人体会分泌一种有利于身体健康的活性物质，它可以调节体内血管的流量和神经传导，改善神经系统、心血管系统、内分泌系统和消化系统的功能。另一方面，音乐可以通过听觉，刺激大脑的运作。利用音乐的频率让脑波进入到 Alpha 波（8—12 Hz）状态，可以使人的身心处于放松的状态，此时人脑接受外部信息或者进行内部思考都较为敏锐，在这时候，由专业的治疗师给予适当的心理或生理上的调整，能够起到事半功倍的效果。音乐声波的频率和声压会引起心理上的反应。良性的音乐能提高大脑皮层的兴奋性，可以改善人们的情绪，激发感情，振奋精神，同时有助于消除心理、社会因素所造成的紧张、焦虑、忧郁、恐惧等不良心理状态，提高应激能力。

因此，音乐除了是一种情绪传达的良好载体之外，它本身作为一种节律性的震动，能带动整个神经系统节律性地律动，这也是音乐疗法效果神奇的原因之一。音乐治疗可以帮助的对象包括：自闭症、亚斯伯格症、脑性麻痹、过动、唐氏症、威廉氏症、发展迟缓、情绪控管、身心重建、安宁医疗、减缓疼痛、舒压等。

91　为什么有些人会难以控制地重复做一件事？

你的身边有这样的人吗：明知道没有必要，却还是停不下来做某件事情。比如，出门后不停地检查有没有锁上门，即使看到门锁好了，离开之后还是会不断怀疑，进而反复地回去确认。

除了人的身体会得病，人的心理也会生病，像前面所说的情况，就是得了一种叫"强迫症"（obsessive compulsive disorder，OCD）的精神疾病。强迫症的具体症状是总被一种强迫思维所困扰，在生活中反复出现强迫观念（如总担心将有什么可怕的灾难降临到自己或与自己亲近的人身上），以及强迫行为（如反复地洗手、淋浴或不断地打扫卫生等），明知道这样是没有必要的，甚至很痛苦，但在这种强烈的冲动面前，当事人往往自感无力而不能加以控制，发展到后期甚至认识不到其观念或行为的荒谬及不合理。

强迫症真正让人痛苦的不是反复做同一件事让人感到厌烦，或者影响了人正常的生活，而是，当事人明明知道自己的各种做法是没有意义的，但是仍然无法控制自己去重复某一个行为，在重复的过程中当事人会体验到焦虑、自我否定等一系列非常痛苦的情绪。久而久之，就会变得感觉自己一无所有，产生孤独感、远离社会、憎恨自己、脾气暴躁等心理，这种失控的联想强迫思维在多重压力下随时间的流逝会进一步加深和复杂化，从而加重病情。

治疗强迫症最常用的方法叫作暴露疗法（exposure therapy）。暴露疗法就是让有强迫行为的患者直接暴露在自己所不能忍受的情境下，从而一举打破他（她）的强迫行为或想法。比如，让有洁癖的人直接用手去接触一下脏的东西，然后让他（她）自己去发现接触了脏东西之后并没有出现他（她）所担心的细菌病毒感染的问题。也就是说，要根治强迫症，就需要打破患者的强迫观念。

92　患自闭症的人都是天才吗？

看过电影《雨人》的人一定会记得里面那个对数字极其敏感的自闭症患者，他可以在瞬间数出掉在地上的火柴数目，他用数字记忆各种事件。但是，他的沟通能力、自理能力等却极差，而且还有一些在正常人看来非常奇怪的动作和行为。那么，自闭症患者到底是天才还是白痴，他们为什么和正常人有这么多的不同呢？

大多数自闭症（autism disorder）都是先天性的，自闭症患儿通常在3岁以内发病，12—30个月大时症状明显，其主要表现为神经系统发育滞后，语言、人际沟通等都出现问题，还有一个非常明显的特征就是刻板行为的出现。所谓的刻板行为就是发生在自闭症患者身上的一种不可抑制的、没有必要的重复性行为，比如，绕着桌角不停地转圈，重复某一个数字等。

自闭症是人类精神医学史上的难解之谜，宛如包裹在不可知的重重迷雾之中，是一个孤独而奇异的心理世界。形容或描述自闭症患者的智力状况时，我们经常会听到"孤岛智力"这个词。"孤岛智力"是指智能状况的发展极不平衡，在其他各种能力方面都宛如一个"白痴"的汪洋大海中，高耸着一座超凡的智力"孤岛"，这"孤岛"有时表现为一种特殊的暗记能力，或者是计算、独到观察等能力。那么生活中，自闭症患者都是"白痴天才"吗？事实上，并不是每一个自闭症患者都会在某一个方面表现出超出常人的优势，大部分的自闭症患者智力低下，缺乏自理能力和沟通能力，离群索居无法与人建立正常的人际关系，甚至连自闭症儿童的父母都无法与其建立正常亲密的亲子关系。只有极少数自闭症患者在某个方面显示出异于常人的能力，例如，超强的记忆力、数学能力、音乐能力等。但是，其他方面发展的滞后还是大大影响着这些自闭症患者更好地发挥自己的天分。设想一个有数学天分的人，如果不能读懂前人的理论，如果不能照顾好自己基本的生活，那么他也不大可能在数学领域中有太高的造诣。

对于自闭症的治疗和训练是一个漫长的过程，其中离不开父母和教师的长期坚持和耐心训练。常用的方法包括应用行为分析（applied behavior analysis，ABA），即通过发出指令、应答、判断结果、辅助、奖励强化的方式帮助自闭症患者提高一些基本的生活能力。

93　为什么会有那么多马失前蹄的悲情英雄？

有一位名叫詹森的运动员，平时训练有素，实力雄厚，常被人认为是夺冠热门。然而一到正式比赛，他就连连失利，让看好他的人大跌眼镜。于是后来，人们就把那种平时表现良好，但一到竞技场上由于缺乏应有的心理素质而导致失败的现象称为"詹森效应"（Jansen effect）。

还有一个典型的例子就是"瓦伦达效应"。瓦伦达是美国一个著名的钢索表演艺术家，以精彩而稳健的高超技艺闻名。他从来没有出过事故，然而最终却在一次重大的表演中，不幸失足身亡。他的妻子事后说，我知道这次一定要出事，因为他上场前总是不停地说，这次太重要了，不能失败；而以往每次成功的表演之前，他总想着走钢丝这件事本身，而不去管这件事之外可能带来的一切。

每年中高考，我们也总能听到不少发挥失常的事例。这些学生多半平时在学校里成绩名列前茅，但到了重大的赛场却无法发挥出平时的水平，成了另一个"詹森"，让看好他们的人备感惋惜。他们只想考高分，畏惧失败，患得患失，过重的得失心与自信心的缺乏成为他们在竞技场上最大的"敌人"。推及其他领域也是一样，有些人平时成绩不俗，卓然出众，身边总是围绕着鲜花和掌声，由此给自己造成一种心理定势：只能成功不能失败。再加上越是重大的赛事被周围人寄予的希望就越大，因而这些人的心理包袱就更重了，考虑的东西一多，反而分散了注意力；面对压力他们又缺乏自信心，总是想着"要是失败了怎么办"，从而产生怯场的心理，妨碍了自己实力的发挥。

在 2004 年的雅典奥运会上，中国女排以 3∶2 逆转俄罗斯队，获得了冠军。在中华人民共和国国歌奏响、国旗升起的那一刻，无数国人为此落泪。中国女排在大比分落后俄罗斯队两局的情况下，沉着冷静地应对，稳扎稳打，将比分一点点扳回，最终赢得了比赛。这是一个很好的例证，它告诉我们临场的心理素质可能是影响比赛胜负的关键所在。

94 为什么青春期的青少年会叛逆？

处于青春期的青少年在很多事情上都似懂非懂，可偏偏喜欢表现得什么都懂似的，老是跟别人尤其是大人唱反调，总觉得按大人们的要求做就很受委屈，很不甘心。这一时期的人叛逆心理较强，所以又有人把青春期称作叛逆期。从时间段上看，一般在初中到高中的阶段。

有心理学家认为，人的一生，在不同阶段需要解决不同的问题。他们用非常简单的几组词概括了人在不同阶段所要面对的主要矛盾：

0—1 岁	基本信任—基本不信任；
1—3 岁	自主—羞怯和疑虑；
4—5 岁	主动—内疚；
6—11 岁	勤奋—自卑；
12—20 岁	自我同一性—角色混乱；
20—24 岁	亲密—孤独；
25—65 岁	抚育后代—自我关注；
65—死亡	自我整合—失望。

心理学家称青春期为疾风骤雨的时期，这一时期人的身体及心理变化大大加快，发展趋势呈跳跃式。12 到 20 岁面临的挑战就是自我同一性对角色混乱，也就是说在这个年龄段的青少年主要面对的是对自己身份的认识，对自己的定位的了解。这是因为到了这个年龄的人开始思考自己是谁，可以成为谁，开始要从依赖父母的乖宝宝变为能够独立自主的大人。所以，在这个阶段的青少年可能非常希望自己跟别人不一样，可以摆脱对父母的依赖。

叛逆期的孩子可能让父母感到特别头疼和束手无策，其实这个过程是每个孩子长大成人所必须经历的，也只有当孩子以这种似乎显得有些"暴力"的方式开始成长，他们才能真正具备成为一个独立的成人的意志。当然，父母也可以利用孩子叛逆期的特点，主动去理解自己的孩子，帮他们顺利地度过这个时期。

95 为什么小孩喜欢模仿大人？

你注意到了吗，刚上幼儿园的孩子特别喜欢模仿别人，就像寓言故事里的小猴子一样模仿别人的一举一动，像复读机一样模仿周围人说话。有时候还会闹出很多令人哭笑不得的糗事。

面对这样的情况，有的大人就会担心，小孩子就像白纸一样，这么随意地模仿别人，会不会很容易就学到不好的行为，沾染许多坏的习惯？

其实，家长完全不需要为这样的可能性担心。标志孩子成长的一个重要特征就是他发现自我与他人之间的区别，然后是有意识地模仿，这是社会化的开端。因为模仿就意味着分享、交流，他不但模仿别人，也期望别人模仿自己，他常常说"你看我……"。家长担心孩子好的学不会，不好的一学就会，其实也是没有依据的，如果他那么喜欢模仿，喜欢趋同，那么他对好的和不好的东西的吸收力是一样的。他有可能学到坏的东西，也就有可能学到好的东西。而当孩子处在一个积极的良好的教育环境中时，老师、家长或者同伴给他的反馈，已经足以让他理解自己这种希望跟大家趋同的模仿是对还是错。

这也就是为什么孩子越小，教育对他的作用越大的道理之所在。小的时候，孩子还没有形成自己的是非标准，他只是单纯地希望跟大家一样，而在这个时候如果学校教育和家庭教育可以给他足够的反馈和互动，那么那些学来的坏习惯也很快就会消失的。

96 为什么掌握了自己的母语之后学外语就比较难？

你是否有这样的感受：进入小学或者初中后才开始系统地学习外语好像非常难，有的人从小学到大学十几年连一门外语都学不好。可是，那些在幼儿园就开始接触英语的小朋友，虽然他们不一定记得非常多的单词，但是却可以把英语说得非常流利。这到底是什么原因呢？

其实所有初生婴儿的语言学习能力基本是相同的，所有的语言经历都为零，孩子说什么语言当然是由孩子生长的环境所决定的，也就是我们通常所说的语境。在日常生活中，接触某一种语言越多，相应的练习机会也会越多。这样，身处母语语境中的孩子就可以很快地掌握母语了。

当一个孩子还没有完全熟练掌握母语的时候，他（她）是具备说好任何一种语言的能力的，而当他（她）熟练掌握了某一种语言之后，说其他语言的能力则会相应地退化，这个过程在出生的几年内就会发生。这也就解释了，为什么超过一定年龄之后，再学习别的语言会变得非常吃力。

相应语境的缺少和学习外语能力的退化是造成年龄较大之后学习外语比较困难的原因。但这是不是说，我们应该在很小的时候就让孩子学好多种外语呢？其实也并非如此。当孩子的母语还没有完全熟练自动化时，如果一下子让孩子接触多种语言，很有可能造成孩子语言系统的混乱，甚至可能到最后连母语都说不好了。

97 为什么有心理学家说初生的婴儿就像一块白板？

美国心理学家华生说过，"给我一群健康而又没有缺陷的婴儿，把他们放在我所设计的特殊环境里培养，我可以担保，我能够把他们中的任何一个人训练成我所选择的任何一个领域的专家——医生、律师、艺术家、商界首领，甚至是乞丐或窃贼，而无论他的才能、爱好、倾向、能力，或他祖先的职业和种族是什么。"这话说的是什么意思呢？华生所说的"特殊环境"又是什么样的呢？

不少心理学家都持有这样的观点：初生婴儿是一块"白板"，家庭和社会可以按照自己的想法任意在这块白板上涂抹雕琢，把孩子塑造成任何一种家长和社会希望的人。在现实中也有很多现象证实了这一情况，比如，一个外国的小朋友如果从小在中国长大，那么他的行为方式、他所说的语言，甚至是他的价值观会与中国的孩子相似。

华生的理论虽然在实践中得到了一定的证实，但是他确实过分夸大了后天环境在塑造一个人性格过程中的作用。其实幼儿在一出生的时候，就已经具有一定的性格和气质类型了，他本身并不是一块完全可以任人涂抹的白板，他有自己的能力、气质，这些条件都会限制他以后的发展方向。别说培养成什么样的人，就是父母对待婴儿的态度和方式，也不是父母一方可以完全决定得了的。

98　为什么做做游戏也能解决人的心理问题？

有一种非常有趣的心理治疗形式叫团体培训，就是由许多人同时参加，看起来大家就像在做各种各样的游戏一样，但这是由专门的心理咨询师来组织的。这跟我们想象中的一对一交谈式的治疗完全不同。那这样的形式也可以帮助人们解决心理问题吗？它又有哪些限制呢？

心理咨询（psychological counseling），就是由专业人员即心理咨询师运用心理学以及相关知识，遵循心理学原则，通过各种技术和方法，帮助当事人解决心理问题。心理咨询按参加咨询人员的多少，可分为两种形式——个别心理咨询与团体心理咨询。两者的目的都是帮助当事人维护心理健康，克服种种心理障碍，更好地融入家庭、学校和社会。但在帮助那些有着相似心理困扰的人时，团体心理咨询无疑是一种经济而有效的方式。

也就是说，团体心理咨询并不是像看起来那样简单和随意，团体心理培训内包含着非常多的心理学理论和咨询的技术，游戏或活动的每一个环节背后都有着心理学意义。同时，参加团体培训的对象也不是随意组成的，而是由那些有着相同需求和问题的个体组成的。团体心理咨询与一般一对一进行的心理咨询不同的是，它引入了参与者之间的互动，在咨询师的良好引导下，这种治疗可以取得事半功倍的效果。

交 往 心 理 学

99 什么是酸葡萄与甜柠檬心理？

有这样一个寓言故事。一只饥饿的狐狸路过森林，看见葡萄藤上挂着一串串葡萄。狐狸垂涎欲滴，但怎么也摘不到，只得悻然离开。临走时它自言自语道："葡萄还是酸的。"然后狐狸继续寻找美食，但是找了很久都没有找到可口的食物，只找到了一颗酸柠檬，于是就安慰自己道："这颗柠檬一定是甜的。"这个故事就反映了酸葡萄与甜柠檬心理。

酸葡萄心理指当一个人的内心需求得不到满足而产生挫败感时，为了消除内心的不安，使心理达到平衡，就会找出种种理由来说服自己以消除压力，从不安等消极心理中解脱出来，丑化得不到的东西即是其中的一种。比如，一个同学很想加入篮球队，但是因为个子矮总也不能如愿，为了保持内心的平衡他会安慰自己：篮球队有什么好，每天一身臭汗，那些高个子都是有肌肉无大脑，才不和他们混在一起呢。

甜柠檬心理则是说当个人所追求的目标无法实现时，为了保护自己的价值不受外界的威胁，维护心理的平衡，个人会百般强调凡是自

己认定的目标或自己拥有的一切都是好的，即美化所得到的东西。例如，某人新买了一套衣服，回来时觉得价钱太贵，颜色也不怎么适合自己，但还是会对其他人强调这是名牌，是进口的布料，款式是今年最流行的。

其实，酸葡萄心理与甜柠檬心理的心理机制是一样的，都是当个人遭受挫折或者无法达到自己追求的目标时，用有利于自己的理由来为自己辩解，以隐瞒自己的真实动机或愿望，从而使自己得到解脱，内心得到安慰。在我们面对困境时，这种心理有助于我们缓解压力，降低心理的紧张和痛苦；但是如果遇到什么事都用"酸葡萄"和"甜柠檬"来解决，则是逃避现实、逃避责任的一种怯懦表现。

100　为什么人与人之间存在心理距离？

在路上，如果一个陌生人和你走得很近，你是否会觉得很不舒服？会不会想要和他保持一段距离？在教室里，坐着的都是你熟悉的同学，但当周围比较拥挤时，你是否会觉得不自在？而和你最好的朋友在一起的时候，你们是否喜欢挽着手或者是勾肩搭背？

为什么和不同的人相处时，我们会下意识地保持不同的距离呢？那是因为空间距离是由心理距离决定的，空间距离显示着交往双方的接近程度。不同接近或者熟悉程度的人需要保持不同的空间距离，才会让彼此舒服。美国文化人类学家爱德华·霍尔（Edward Twitchell Hall Jr，1914—2009）认为人际空间距离可分为4种：亲昵区（3—12英寸），表现在夫妇、恋人之间；个人区（12—36英寸），表现在朋友之间；社会区（4.5—8英尺），表现在熟人之间；公众区（8—100英尺），表现在陌生人之间或一般公开的正式交往场合。这些距离是人们在无意之中确定的，却反映着我们不同的亲疏程度和不同的空间需求。比如，我们希望陌生人不要过于接近自己，但是如果他莫名其妙地一步一步地向我们靠近，我们就会感到窘迫、紧张甚至恐惧，同时我们会断定这个人缺乏教养、不懂礼貌或者有侵犯性。在认知他人之间的关系时，空间尺度往往成为一种判断依据。看到两个人紧挨在一起低声交谈，我们就知道他们所说的事不愿意让别人听见，并推断他们可能有较深的关系。

另外，空间距离也受其他一些因素的影响：（1）民族文化的因素。一般认为欧美人喜欢保持远距离交往，而阿拉伯人和非洲人则喜欢保持近距离交往。所以我们设想当美国人和阿拉伯人在谈话时，一方是"节节败退"，一方是"步步紧逼"，半小时后，两人谈话的位置比照先前必定发生很大的一段位移。（2）气质个性因素。多血质和胆汁质的人喜欢与人保持近距离交往，而黏液质和抑郁质的人则喜欢与人保持较远的距离；外向性格的人喜欢与人保持远距离交往，而内向性格人可能更喜欢与人保持近距离交往。（3）性别因素。大多数男性喜欢与人保持远距离交往，而女性则会表现得更加亲密无间。由此可见，空间距离也为社会认知提供了重要的线索。

101 为什么热情的人更受大家欢迎？

当朋友要介绍一个人给你时，如果他对你说这个人很热情，是不是会让你顿感轻松，变得很期待和这个新朋友见面？而如果他对你说这个人很冷漠，你会不会一下子变得很紧张，觉得和这个人相处压力一定很大呢？

在对他人印象形成的过程中有很多信息可供参考，但是各种信息所占的比重是不一样的，有些特质的重要性要显著高于其他信息，而热情就是具有重大影响力的一个核心因素。

美国心理学家阿希（Solomon Asch，1907—1996）曾做过一个经典实验。他给被试呈现一个关于某个人的描述片段，其中包括 7 种品质：聪明，熟练，勤奋，热情，坚决，实干和谨慎。同时，也给了另外一些被试一张描述某人的列表，这张列表中只是把上述 7 种品质中的"热情"换成"冷酷"，而其他 6 种品质则同前面的一模一样。然后，请两组被试对表格所描述的对象给出一个较详细的人格评定，并要详细地说明最希望这个人具备哪些品质。结果阿希从两组被试那里得到了完全不同的答案：第一张表格上的人物，仅仅因为具有热情的品质就受到了被试的喜爱，被试毫不吝啬地把一些表格中根本没有，也根本与表格中所列品质无关的好品质，统统"送"给了他，对他的品质期待就更高了；而第二张表格上的人，仅仅因为"冷酷"，就受到了被试的厌恶，被试在评价这个人时，则是把一些在表格中根本没有，也根本与表格中所列品质无关的坏品质，统统安在了他身上，对他的品质期待也是很消极的。这一实验结果表明，热情还是冷酷，可使一个人对他人的吸引力发生实质性的变化。

心理学家们认为热情之所以能够左右我们在社会交往中的印象形成，是因为热情—冷酷这一对品质包含了更多的有关个人的内容，因此，一旦我们认为一个人是热情的，我们就会把联系在其周围的其他人类优良品质也"配送"给他；而相反，当我们认为一个人是冷酷的，我们则会把联系在其周围的其他人类不良品质"配送"给他。可见，在人类的品质描述中，热情—冷酷这对词就好像居于人类品质词的中心，可以赋予人类一些其他的相关品格。

102 为什么从握手可以看出人的性格？

在很多文化背景下，彼此结识时握手、见面时握手、分别时握手是极为常见的礼节，那么当两只手握在一起时我们能读出哪些信息呢？这会影响我们对一个人的印象吗？能看出对方的性格吗？

首先我们来看一个心理学实验。研究者训练 4 位心理系学生在几个维度上对握手进行评分，包括力度、紧握度、干燥程度、温度、活力、持续时间等。然后，研究者让评分者与大学生握手两次：他们刚来实验室进行约见时一次，离开前第二次。在两次握手之间，大学生被试要完成有关测量人格的外倾性、宜人性、认真性、经验开放性和表达性的问卷。此外评分者还要报告他们对每一个被试的第一印象。研究结果显示，握手与他们人格的几个方面有较强的联系。特别是被试的握手指数越高，他们越外倾，对经验越开放且较少害羞。另外，握手指数越高的女生越受人欢迎。同样，第一印象也与握手有联系：

被试的握手指数越高，给评分者留下的印象越好。

那么，为什么一个简单的握手动作能透露出这么多信息，会有这么大的作用呢？因为握手其动作本身就是一种身体语言，而我们的身体语言可以以其特有的方式向外传达信息。比如，高兴时手舞足蹈，悲痛时捶胸顿足，成功时趾高气扬，失败时垂头丧气，紧张时坐立不安，献媚时卑躬屈膝，这些都是我们通过身体语言阅读到的他人的心理活动。特别是手势表情，往往具有更丰富的内涵，隐蔽性也最小。弗洛伊德就曾这样描述过手势表情："凡人皆无法隐瞒私情，尽管他的嘴可以保持缄默，但他的手指却会多嘴多舌。"

103 为什么第一印象那么重要？

在生活中，似乎每个人都会对"第一"情有独钟，你会记住第一天上学时的情景，你的第一任班主任，第一次考试，第一次受到老师表扬，等等，但对"第二"就没什么深刻的印象。这些都是"首因效应"的一种表现。

首因效应（primacy effect），也叫首次效应、优先效应或第一印象效应。它是指当人们第一次与某物或某人相接触时会留下深刻印象，并且人们往往会找更多的理由去支持这种第一印象。第一印象主要是依靠性别、年龄、体态、姿势、谈吐、面部表情、衣着打扮等来判断的。有的时候，尽管你表现的特征并不符合原先留给别人的印象，但是人们在很长一段时间里仍然会坚持对你的最初评价。实验证明，第一印象是难以改变的。因此在日常交往过程中，尤其是与别人初次交往时，一定要注意给别人留下美好的印象。那么哪些方面是我们需要特别留心的呢？大家第一时间想到的一定是仪表风度。没错，一般情况下人们都愿意同衣着干净整齐、落落大方的人接触和交往。

当然，还要注意言谈举止。言辞幽默，侃侃而谈，不卑不亢，举止优雅，定会让人对你作出更高的评价。

但是在利用首因效应，给别人留下好的第一印象的同时，我们也要注意它在日常交往中的负面作用。所谓"路遥知马力，日久见人心"，仅凭第一印象就妄加判断，以貌取人，往往会带来不可弥补的错误。《三国演义》中"凤雏"庞统当初准备效力东吴，于是去面见孙权。孙权见庞统相貌丑陋，心中先有几分不喜，又见他傲慢不羁，更觉不快。最后，这位广招人才的孙仲谋竟把与诸葛亮比肩齐名的奇才庞统拒于门外，尽管鲁肃苦言相劝，也无济于事。礼贤下士的孙权尚不能避免偏见，可见第一印象的影响有多大。

104 为什么交往越近的人让人印象越深刻？

如果你的一个朋友一向是很温柔的，但突然有一天，她发怒了，还恶狠狠地对你说话，你们因此闹翻了。你会不会把她往日的温柔给忘掉？而回忆起一位多年未见的朋友时，你脑海中印象最深的是不是与他（她）临别时的情景？这些都是"近因效应"的表现。

近因效应（recency effect）指的是新得到的信息比以往所得到的信息更加强烈，会给我们留下更为深刻的印象，从而使我们"忘记"以往的信息，而凭新获得的信息对他人作出判断。

心理学家洛钦斯做了一个关于近因效应的实验。分别向两组被试介绍一个人的性格特点。对甲组先介绍这个人的外倾特点，然后介绍内倾特点；对乙组则相反，先介绍内倾特点，后介绍外倾特点。但是在分别向两组被试介绍完第一部分后，均插入其他作业，让被试听一会儿历史故事什么的，之后再开始介绍第二部分。最后考察这个人给两组被试留下的印象。实验结果表明，两组被试都对第二部分材料的印象更深刻，即说明近因效应明显。

其实，首因效应和近因效应都在人们的认知过程中起着重要作用，但是两者的作用条件不同。如果信息是连续被接受的，则首因效应起作用；如果在接受第一个信息后，隔了较长时间或插入其他活动之后才接受第二个信息，则近因效应起主要作用。

同时，在与陌生人交往时，首因效应会产生较大的影响；而近因效应在个体感知熟人时，如果对方在行为上出现了某些新异的举动，其作用会更明显。朋友之间的负性近因效应，大多产生于交往中遇到与愿望相违背、愿望不遂，或感到自己受屈、善意被误解时，其情绪多为激情状态，在这样的情况下，容易说出错话，做出错事，产生不良后果。因此，凡事在先，须加忍让，防止激化，待心平气和时，彼此再理论，明辨是非，更不可报复对方。

105 为什么有魅力的人更容易让人喜欢？

在我们的校园里似乎经常有这样的现象发生：某个学生数学考试不及格，数学老师往往容易推断这个学生一定是个贪玩的学生，平时学习不努力，天资不聪慧，将来也不会有大作为，等等；与此同时老师也忽视了这个学生的点滴进步，从而失去了给予这个学生激励的大好时机。而对一个数学学习好的学生，老师往往会认为这个学生学习努力、认真，天资聪慧，将来必有出息，等等，为此在与该学生的互动中也就不自觉地关注这个学生的进步，并及时给予鼓励。

为什么会产生这种现象呢？心理学家认为这是"晕轮效应"（halo effect）在起作用。晕轮效应又称光环效应，是指你对人或事物留下的最初印象将会影响到你对此人或此事其他方面的判断，具有爱屋及乌的强烈知觉特点。比如，一个人具有我们喜欢的某个特征，那么我们就可能认为他有更多好的特征，就像一个外表迷人的人会被认为有高超的技艺、聪明、有创造性，因而会得到更多的奖赏和赞扬，就像一圈光环笼罩在这个人身上一样，让人不知他还有什么黑暗消极的一面。社会中常见的名人效应就是晕轮效应的作用。反之，如果某人存在某些不良的特征，那么人们会倾向于认为他所有的一切都是差的，这一现象又被称为"坏光环作用"，还被形象地叫作"扫帚星作用"。

心理学家戴恩曾做过一个实验。他让被试看一些照片，照片上的人有的很有魅力，有的毫无魅力，有的中等。然后让被试在与魅力无关的特点方面评定这些人。结果表明，被试给有魅力的人比给无魅力的人赋予更多理想的人格特征，如和蔼、沉着、好交际等。晕轮效应不但常表现在以貌取人上，而且还常表现在以服装定地位、性格，以初次言谈定人的才能与品德等方面。特别是在对不太熟悉的人进行评价时，这种效应体现得尤其明显。

106 如何给别人留下一个好印象？

如果说社会是一个大舞台，那么我们作为这个舞台上的演员都十分关心自己在观众面前塑造的形象。最简单的例子是，为了自己形象的完美，我们会在统一的校服上做点小文章，以期让自己与众不同，吸引更多人的目光；或者，为了更融洽地加入某个社交圈，在知道圈子里的大多数人爱好足球运动的情况下，我们会迎合他们的习惯，放弃自己挚爱的篮球运动，开始琢磨如何提高足球技能或精通足球知识，希望给别人留下好印象。那么用什么策略可以给人留下好印象呢？

给别人留下好印象的方法首先是自我表现。自我表现也就是努力扩大自己的优势，增加对他人的吸引力。得体的穿着、整洁的修饰都是自我表现中的外表美化；其他的自我表现策略还包括努力以肯定的评语来描述自己。但需要注意的是，自我表现的目的并非总是尽力强调个体与交往对象的相似性，当个体很讨厌与其交往，对这种相似性很反感的时候，个体倒不如运用自我表现与他人保持距离。

另一个方法就是美化他人。在社会交往中，我们往往会使用一些策略来引发他人的积极情绪反应，从而博得他人的好感。最常使用的美化他人的策略就是讨好，你可以发表言论赞扬他人，赞扬他们的特质或业绩，或是所属群体；可以对他人的观点表示赞同和感兴趣，询问他人的意见并给予反馈，等等。

其实就印象管理本身来说，策略并没有好坏之分，关键在于你运用这种技巧要达到什么样的目的。从积极的方面来看，成功的印象管理就像人与人之间的润滑剂，使人们之间的交往和互动能够顺利地进行下去。从它的消极方面讲，它可能掩盖了某些人非善意的交往目的，所谓"表里不一"、"口蜜腹剑"就由此派生。

107 为什么你会觉得美国人热情、英国人矜持？

人们常认为南方的女子是温柔婉约的，北方的牧民是粗犷豪放的；男生往往坚强、善于理性思维，而女生则是软弱、倾向于感性思考……其实这些都是"社会刻板印象"在影响着我们对人和事物的判断。

社会刻板印象也称为类化原则，一般指人们对某个社会群体形成的一种概括和固定的看法。由于生活在同一地区或文化背景下的人们常表现出许多相似性，所以人们在认知过程中就把这种相似的特点加以归纳、概括，固定下来，从而形成了刻板印象（stereotype）。

社会心理学家的研究表明，人们的刻板印象的形成一般经过两条

途径：一是直接与某些人或某个群体接触，然后将一些特点加以固定
化；另一个是根据间接资料如他人介绍、传媒的描述等形成对某个群
体的概括性印象。在现实生活中，大多数刻板印象来自第二条途径。

　　社会刻板印象又主要表现为民族刻板印象和性别刻板印象。民族
刻板印象表现为对不同国家和民族形成某种固定而概括的印象，如认
为美国人民主、天真、乐观、坦率等，日本人爱国、尚武、进取等。
性别刻板印象是社会生活中为人们广泛接受的对男性和女性的固定看
法，比如人们普遍认为男性是有抱负的、有独立精神的、富有竞争性
的，而女性则是依赖性强的、温柔的、软弱的。

　　社会刻板印象对人们的社会认知会产生两方面的作用：从积极一

面来看，刻板印象本身包含了一定的合理、真实的成分，可以简化认知过程。我们很难快速、全面地掌握认知对象的所有特质，当知道某人属于某个群体时，根据已形成的刻板印象能够对其有个大致了解。然而，从消极的方面看，类化也常常会淹没个体身上一些独特的东西，例如并非所有的男性都是坚强的，也并非所有的女性都是温柔的。另外由于刻板印象具有稳定性，不易改变，所以也容易产生成见，比如性别歧视和种族主义的问题就是受到了刻板印象的影响。

108 为什么我们会允许别人得寸进尺？

人们常常会有这样的经历：明明只想买一两件物品，可是经不起销售人员的推销，最后不知道为什么就买了很多自己其实并不需要的东西。好像没有办法拒绝销售人员的请求、不买就对不起他一样。你，或者你的家人有过这样的经历吗？你仔细思考过这是为什么吗？

美国心理学家弗里德曼曾做过一个经典实验。他让两位大学生访问郊区的一些家庭主妇。其中一位先请求家庭主妇们将一个小标签贴在窗户上或在一个关于美化加州或安全驾驶的请愿书上签名，都是小的、无害的要求。两周后，另一位大学生再次访问这些家庭主妇，请求她们在今后的两周时间内在院子里立一块呼吁安全驾驶的大招牌，这个招牌很不美观，是一个"大"要求。结果答应了第一项请求的人中有55%的人选择了接受，而那些第一次没被访问的家庭主妇只有17%的人接受了这个要求。

心理学家将这种现象称为"登门槛效应"（foot in the door effect），所谓"得寸进尺"，就是对这种效应的形象诠释。在人际交往中，当我们要求某人做某件较麻烦的事情又担心他不愿意做时，可以先向他提出做一件类似的、较轻松的事情。因为人一旦对于某种小要求找不到拒绝的理由时，就会增加同意这种要求的倾向；而当他卷入了这项活动的一小部分以后，便会产生一种特定的态度。这时如果他拒绝之后更大的要求，就会出现认知上的不协调，于是恢复协调的内部压力就会驱使他继续干下去或作出更多的帮助，并使态度的改变趋于持久。

登门槛效应也可以很好地应用于教学活动中。比如，要求学生养成良好的学习和生活习惯时，可以先要求他们从找出自己的不足做起，然后根据自身的问题制订一个好习惯养成计划，如一段时间内（一周、半个月或者一个月）养成一个好习惯，长此以往，良好的学习和生活习惯便会保持下来。

109 为什么拒绝后你更容易答应别人接下来的要求？

如果一个好朋友向你提出了一个要求，但是这个要求对你来说太难做到了，你只能拒绝，此时你心里是否会觉得愧疚呢？如果这时候，好朋友再提出一个小要求，你是否会因为刚刚的愧疚而马上应允呢？这其实就是"门面效应"在起作用。

门面效应（door-in-the-face effect）是指先提出一个难度较大的任务或要求，被拒绝后，再提出一个中等或较小的任务或要求，从而达到让对方改变态度的目的，事实上那些难度中等或较小的任务才是最初的目标。心理学研究者查尔迪尼等人进行了有关门面效应的研究。研究者要求某大学一部分大学生花两年时间担任一个少年管教所的义务辅导员，这是一件费神的工作，这部分学生都谢绝了；他们接着又提出了一个小的要求，让这部分大学生带领少年们去动物园玩一次，结果50％的人接受了此要求。而当研究者直接向另一部分大学生提出同样的小要求时，只有16.7％的人同意。那些拒绝了第一个"大"

要求的学生认为拒绝那个"小"要求可能会损害自己富有同情心、乐于助人的形象，为恢复他们的利他形象，便欣然接受了第二个要求。

当你想让对方接受一个小的、而对方不会轻易答应的条件时，不妨先向他提出一个大的、高的要求。对方如果拒绝了你那个大的、高的要求，那么一般会接受你再次提出的较小要求。因为人们往往都希望扮演慷慨大方的角色，所以拒绝会让人们对自己产生负疚心理，于是希望再做一件小的、容易的事来平衡。女人更容易产生负疚心理，门面效应对她们来说更有效。

110　为什么暴力可以习得？

如果对刚打完架的小男孩说："你真勇敢！真是个小男子汉！"你预测一下以后这个小男孩遇到事情会喜欢用什么样的方式处理呢？如果父母教育孩子时，采用"棍棒底下出孝子"的模式，那么孩子以后会用什么样的方式去对待别人呢？

心理学家的研究表明，暴力是可以通过观察和强化习得的。美国心理学家班杜拉经实验发现，通过观察榜样的暴力行为，儿童就能学会暴力。他让实验组中的儿童与成年人一起待在一间屋子里，屋子里有一个约 1.5 米高的充气娃娃。成年人对娃娃实施了长达 9 分钟的暴力侵犯，嘴里还不停地叫喊"打倒它"。而与对照组儿童在一起的成年人则没有对娃娃实施暴力侵犯。然后，每个儿童单独留在游戏室 20 分钟，除其他玩具外，还有 3 个充气娃娃。研究表明，实验组儿童对充气娃娃的暴力行为和暴力言语显著多于对照组的儿童。（参见本书插图页第 8 页的组图）

还有一个暴力强化的实验，研究者把儿童分成 4 组，第一组儿童每次拳击玩具娃娃都能得到一个有色玻璃球作为奖励；第二组儿童则间接获得同样的奖励；第三组没有外加奖励，但是被拳击的玩具娃娃会闪闪放光；第四组儿童什么也得不到。两天后，设法让儿童产生挫折感，然后安排被试儿童和一个未参加实验的儿童玩一系列的游戏，看他们如何解决游戏中的矛盾。结果发现，被奖励的孩子更多地表现出对玩具娃娃的暴力行为。这表明，暴力的确可以通过强化来培养。

今天，大众传播媒介与网络的普及与深入，为人们提供了大量观察学习的机会。那么，电视、电影中越来越血腥、野蛮的暴力镜头对观众，特别是对青少年会不会产生不良影响？这一问题一直受到社会的关注，特别令广大父母和教育学家们担忧。

111 为什么我们害怕孤独？

嘈杂的都市生活和繁重的学习压力常常会让我们向往闲适、安静的生活，渴望能够拥有只属于自己的空间，渴望没有电话、短信的打扰，渴望没有父母在耳边唠叨。但是如果与外界没有丝毫的接触，你又会有什么感觉呢？

曾有研究者进行了一项短时感觉剥夺实验。他们让22个大学生志愿者躺在一个无声的小卧室的床上，戴上不透明的风镜、纸做的护腕和厚厚的手套，头枕在泡沫枕头里，耳朵听不到任何声音。不到3天，学生们就开始报告视觉模糊、不能集中精力、完成认知任务的能力退化等。实验结束后，需要过几天才能够恢复。

人不可能完全孤立，脱离社会生活。我们每个人其实都害怕孤独。一方面是出于安全感的需要，因为人是社会性动物，需要与人交往，过群居的生活，才能生存下去。像"狼孩"、"猪孩"这样的例子说明，一旦脱离正常的人类生活、缺乏人际交往，就无法成为"人"。另一方面，这种心理也受到亲和动机的影响。亲和是指每个人都有与其他人交往的意愿，并有结成团体的倾向。心理学家通过观察和研究发现亲和是人类交往的最基本动机。

特别是当我们处在一个新奇的、恐惧的，或是不平常的环境中时，更害怕孤独，因为这时他人成为我们信息的来源，我们参考他人的反应再决定自己该如何去做。在这种情况下，我们更渴望交往和归属于团队。所以，遭遇灾祸的时候我们总是渴望有人与自己共同面对，有个肩膀可以依靠。

112 为什么空间接近的人更容易成为朋友？

想想你最要好的朋友，你们是在什么情况下认识并成为知己的？

我们会发现身边比较亲近的朋友很多是自己的邻居、从小一起长大的玩伴或是朝夕相伴的同学……总之他（她）们常常是离我们很近的一些人。因为空间上的距离越小，双方越容易接近，便往往容易引为知己，尤其在交往的早期阶段更是如此。因为地理上的接近使相互接触的机会变得更多，相互之间更容易熟悉。当然，这也涉及到交往利益和交往成本的问题，毕竟相隔很远的人际关系需要时间、计划和金钱来维持。

费斯汀格等人曾对麻省理工学院 17 栋已婚学生的住宅楼进行调查。这些楼房每层有 5 个单元住房，住户住到哪一个单元，纯属偶然。哪个单元的老住户搬走了，新住户就搬进去，因此具有随机性。调查时，所有住户的女主人都被问到这样一个问题：在这个居住区中，和你经常打交道的最亲近的 3 位邻居是谁？统计结果表明，居住距离越近的人，交往次数越多，关系越亲密。在同一楼层中，和隔壁紧邻的住户交往的概率是 41%，和隔 1 户的邻居交往的概率是 22%，和隔 3 户的邻居交往的概率只有 10%。多隔几户，看起来的实际距离增加不了多少，但是亲密程度却有很大差别。

但是"邻近性因素"在人们交往中的作用并非持久的，随着时间的推移，其影响将越来越小，尤其是当双方关系紧张时，空间距离越接近，人际反应越消极。好比在开学的第一天你就对班里那个粗鲁无礼的男生十分不满，不幸的是你又被安排坐在他的前面，你会经常听到他说脏话，这愈发加剧了你对他的厌恶感。此时，邻近效应无法促使你们成为朋友，反倒使他成为你厌烦的对象。

113　为什么物以类聚，人以群分？

假设在一次校园聚会中，你跟几个初次见面的人在一起聊天。交流中，你发现自己和 A 在教育、音乐、时尚话题上的看法格外一致，越聊越投机；而跟 B 的观点就差异很大，你们甚至找不到共同的话题。聚会之后，你会更愿意与谁继续见面并做朋友呢？显然是 A。

亚里士多德曾经说过，朋友就是这样的一些人，他们与我们关于善恶的观点一致，他们与我们关于敌友的观点也一致……我们喜欢那些与我们相似的人，以及那些与我们有共同追求的人。

彼此相似，往往是促成友谊的重要因素。1961 年，美国社会心理学家西奥多·纽科姆（Theodore Mead Newcomb，1903—1984）在密歇根大学做过一个实验：探究小组成员之间的相互吸引问题。实验对象是 17 名大学生。纽科姆为他们免费提供 4 个月的住宿，交换条件是要求他们定期接受谈话和测验。在被试愉快地搬进宿舍前，先测定他们关于政治、经济、审美、社会福利等方面的态度，价值观，以及他们的人格特征。然后将在这 3 个方面相似和不相似的那些学生混合安排在几个房间里一起生活，4 个月内定期测定他们对上述问题的看法和态度，让他们相互评价室友，喜欢谁不喜欢谁。实验结果表明，在相处的初期，空间距离的邻近性决定人际间的吸引，到了后期相互吸引发生了变化，彼此间的态度和价值观越相似的人，相互间的吸引力越强。"相似性"在其中起了很大的作用。

日常生活中，人们倾向于喜欢在某方面或多方面与自己相似的人，而各种情况的相似都可能引起程度不同的人际吸引效应。共同的态度、信仰、价值观和兴趣，共同的语言、国籍、出生地，共同的民族、文化、宗教背景，共同的教育水平、年龄、职业、社会阶层，以至共同的身体特征，如身高、体重等，都能在一定条件下不同程度地增加人们的相互吸引。

114 什么是"名片效应"？

名片是用来方便联系的卡片，上面有联系人的姓名、公司名称、电话号码和地址等。作为学生，我们可能没有那么多的社会头衔或者公职信息，也没有那么多的事务往来需要印制名片，但是其实我们每个人都有一张潜在的"心理名片"，这张名片上写着我们的兴趣、爱好、品行、态度等，是我们用于和别人交往的心理密码。

"名片效应"（calling card effect）指的是要让对方接受你的观点、态度，就要把对方与自己视为一体，表明自己与对方的态度和价值观相同，这会使对方感觉到你与他有更多的相似性，从而很快地缩小与你的心理距离，更愿意与你接近，结成良好的人际关系。

有位求职青年，应聘了几家单位都被拒之门外，他感到十分沮丧。这次，他又抱着一线希望去一家公司应聘，在此之前，他先打听了该公司老总的历史，发现那位老总以前也有与自己相似的经历。于是在应聘时，他就着重向老总谈自己的求职经历，以及自己对今后发

展的展望。果然，一席话博得了老总的同情和赏识，最终他被录用为
业务经理。这位青年利用的就是名片效应。

美国前总统里根也是一位擅于使用名片效应的高手。他在竞选总
统的时候，常常以幽默的谈吐、富有吸引力的表达，以及可以拉近与
选民的心理距离的生活小笑话，来有效地推销自己的形象。

恰当地使用心理名片，可以尽快促成人际关系的建立。但是到底
应当怎么做才能有效发挥心理名片的作用呢？我们不妨把这一情景想
象成拉弓射物，记得时刻问自己两个问题：一是"我瞄准了吗？"沟
通过程中要善于捕捉对方的信息，把握其真实的态度，寻找其积极
的、你可接受的观点，有的放矢地"制作"一张有效心理名片；二是

"现在是放箭的最佳时机吗？"恰到好处地向对方出示你的心理名片，才可能达到目标。掌握心理名片的应用艺术，对于处理人际关系具有很高的实用价值。

115　曝光率越高越容易让人喜欢吗？

看看自己的身边，那些常常与人聊天、乐于分享的同学，人缘总是特别好。那些经常在老师身边出现的人，好像也更得老师的欢心。这些都是"曝光效应"的作用。

曝光效应（mere exposure effect）是一种心理现象，指的是我们会偏好自己熟悉的事物。社会心理学又把这种效应叫作熟悉定律。心理学家对人际交往吸引力的研究发现，我们见到某个人的次数越多，就越觉得此人招人喜爱、令人愉快。

1992 年，美国有两名心理学研究者在某大学做了个实验。他们在教室里安排了一些女助手，她们在上课前会走进教室并安静地坐在第一排，让每个人都能看到她们，但她们不会与教师和同学进行任何交流。每个女助手出现在课堂上的频率是不同的，从 0 次到 15 次不等。到学期结束的时候，研究者播放这些女助手的幻灯片请班级同学观看，要求学生对这些女性的吸引力作出评价。结果显示，尽管在课堂上实验助手没有与其他学生发生过互动，但学生们更喜欢他们在课堂上看到次数多的女性。

那么，熟悉为什么会带来人际吸引呢？首先，多次接触会提高再认知，从而增加对该对象的好感度。其次，当人们变得越来越熟悉彼此时，会更加准确地预测对方的行为，知道他（她）们习惯于怎么做，从而使交往的双方都感到舒适自在。

所以，若想增强人际吸引，就要留心提高自己在别人面前的熟悉

度，这样可能会增加别人喜欢你的程度。一个自我封闭的人，或是一个面对他人就逃避和退缩的人，由于不易让人亲近而令人不解，也就不太让人喜欢了。当然，曝光效应发挥作用的前提是首因效应要好，你给人的第一印象还不差，否则见面越多就越讨人厌，反而产生消极影响。

116 为什么完美的不一定让人喜欢？

在日常的学习生活中，我们可能会发现这么一个让人费解的现象：在一个群体中最有能力、最能出好点子的成员往往并不是最受别人喜爱的人，就像对班级中学习最好、老师最喜欢的学生，大多数同学则常常表现为敬而远之。这是为什么呢？

因为一方面人们希望自己周围的人有很强的能力，有一个令人愉快的人际交往背景。但另一方面，如果某人超凡的才能使周围的人可望而不可即，人们就会感到一种压力。因此，当一个人的能力和人格都达到了普通人可望而不可即的地步时，人们就只好敬而远之了。

美国社会心理学家埃里奥特·阿伦森（Elliot Aronson，1932—   ）等人曾做过一个有趣的心理学实验。他们让被试听两段不同的录音。第一段录音所描述的人物能力极强，回答一系列问题的正确率高达92%，他在大学期间是一个出众的学生，担任学报的编辑工作，同时也是摄影队的队员。在第二段录音中，描述的对象与第一个不同，他仅仅答对了 30% 的问题，他在大学中的成绩一般，申请加入摄影队但是没有成功。在两段录音将近结束的时候，都出现了两种情况：在一种情况下，录音机里突然传出脚步声，并听到里面的人说"我把咖啡打翻了，洒满了我的新套装"。在另一种情况下，没有发生这样笨拙的行为。结果显示，能力高的人发生笨拙行为后，他们更受欢迎，而能力低的人发生笨拙行为后，吸引力显著减少。研究者将这种现象叫作"犯错误效应"（pratfall effect），有能力的人犯错误反而会增加其人际吸引力，也就是一个看起来很有才华的人，如果表现出一点小小的过错，或暴露出一些个人的弱点，反而会使人们喜欢接近他。

心理学家发现，能力与被喜欢的程度在一定限度内成正比例关系，但超出了这个范围，其能力所造成的压力就成了主要的作用因素，使人倾向于逃避或拒绝。

117　为什么人们会以貌取人？

虽然我们知道不应该以貌取人，但都希望自己有一个良好的外貌，都想使自己变得更漂亮；虽然我们都知道一副好嗓子和对音乐的执着才是一个歌手的必要条件，却仍然无法控制对那些外在条件良好的歌手的偏爱，而且事实上，偶像派的确更容易走红……

其实在很多时候，特别是在求职、交友等社会情境下，人们还是避免不了基于相貌对他人形成印象，特别是在产生第一印象时。美国社会心理学家阿伦森等研究者曾为被试安排了一个舞会，舞伴是随机安排的，由一组评委对参加者的外貌进行评定。舞会结束后，询问被试喜欢对方的程度以及是否愿意和对方再次约会。他们发现，被试喜欢对方的程度和对方的外貌直接相关——外貌越好，越受欢迎。

为什么外貌越好，越受欢迎呢？因为外貌会产生一个"辐射效应"，即人们对长得漂亮的人会作出更积极的评价。比如在学业成绩相同的情况下，教师认为好看的孩子比长得没那么好看的孩子更聪明、更受欢迎。同样，如果让学生给两位女教师打分，妆容精致的女教师会较不加粉饰的女教师得到更高的分数，学生会认为她讲课更有趣，是个好老师。

那么，美可以永远发挥作用吗？由于第一印象的效应，外貌因素占重要地位，但是社会交往的时间越长，外貌因素的作用就会越小，吸引力将会从外在的容貌、仪表逐渐转入内在的道德品质。比如许多年轻人因一见钟情而草率结合，往往就是被对方外在的容貌、仪表吸引所致。但时间一长，当发现对方某些不尽如人意的短处后，外貌因素就越来越不起作用了。

118　你相信《罗马假日》中的一见钟情吗？

如果问年轻人，最浪漫的恋爱方式是什么，可能很多人都会回答"一见钟情"。有的人对一见钟情式的婚恋模式情有独钟，个别人甚至还会守株待兔般等待"他"或"她"的出现。那么，为什么有的人会一见钟情呢？

社会心理学认为，一见钟情的心理基础就是第一印象。所谓第一印象，也称为初次印象，是指两个素不相识的人第一次见面所形成的印象，而初次印象对人们的认识往往会起到先入为主的作用。男女青年在相识之初总要产生最初的印象。这种最初的印象有时非常鲜明，令人喜悦和悸动，久久不能忘怀，以至激起强烈的情感，心潮澎湃，不能自已。对于生活经历不多、交往不广的年轻人来讲，如果仅仅是被对方的外表、谈吐和风度所吸引，一往情深，就容易把平时所幻想出来的标准寄托在眼前的这个具体对象上。这样的爱情基础实际上是不牢靠的。因此，我们不能夸大第一印象的可靠性。

所以，当意识到自己一瞬间坠入情网时，需要努力保持冷静的头脑，尝试在相互了解中检验和巩固这种一见钟情的真实性和可靠性。只有对对方从外表到内心、从言谈到行动、从现象到本质有了一个深入的了解后，才能判断对一个人是否值得"一见钟情"。如果只凭第一印象就草率确定恋爱关系，把终身之约建立在一时的热情基础上，一旦激情褪去，在以后的接触中相互发现对方的一些不足之处，就易感到乏味厌烦，甚至"曲终人散，各奔东西"。

119 为什么"棒打鸳鸯"却往往越打越紧密呢？

无论是在现实生活还是影视作品中，我们常常看到这样的故事：一对男女相恋却遭到了双方父母的反对，可是家长的干涉非但没有削弱恋人之间的感情，反而让一对恋人更加坚定地"非君不嫁，非卿不娶"，父母干涉得越多，两个人反而相爱越深。莎士比亚的名剧《罗密欧与朱丽叶》就描述了这么一个凄美的爱情悲剧，罗密欧和朱丽叶相爱了，但是由于双方的家族是世仇，他们的爱情遭到了两家的极力反对，在各种压力下他们的感情反而愈加浓烈，最终选择双双殉情。

为什么"棒打鸳鸯"的结果往往适得其反呢？

心理学家德考尔等人在对爱情进行的科学研究中发现，当干扰恋爱双方爱情关系的外在力量出现时，恋爱双方的情感非但不会减弱反而会更强烈，恋爱关系也会变得更加牢固。这和罗密欧朱丽叶的情况极为相似，因而我们就把这种现象称为"罗密欧和朱丽叶效应"（the Romeo and Juliet effect）。为什么会出现这种现象呢？这是因为人们都有一种自主的需要，希望能控制自己的生活，自主进行选择。一旦别人代替自己选择，并将这种选择强加于自己时，会感到自己的主权受到了极大威胁，从而产生抗拒、排斥自己被迫选择的事物，同时更加喜欢自己被迫失去的事物。另外，心理学家的研究还发现，越是难以得到的东西，在人们心目中的地位越高，对人们越有吸引力，而轻易得到的东西或者已经得到的东西，其价值往往易被忽视。父母对于儿女恋人的反对常常使恋爱双方更加珍视彼此，加重了对方在自己心中的分量，使感情更加牢固。电视剧中也常常出现这样的情节：当有别人介入男（女）主人公的关系，即出现了情敌时，男（女）主人公对恋爱对象的感情会变得更加强烈。

我们发现很多老师和家长在面对早期男女交往的问题时，往往倾向于采取打压、反对等强硬的手段。对于成长期的孩子来说，自主控制和独立的需要日渐增强，因而这些反对的声音和措施反倒使得他们的感情迅速升温。也许一对异性同学本来只是出于彼此欣赏而正常交往，被老师父母的一阵打压反而有可能让他们成了真正的恋人。

120　为什么有的人会喜欢上之前讨厌的人？

爱情偶像剧里常常会出现这样的剧情，一开始男女双方并没有给对方留下什么好印象，然而随着之后的接触，误会渐渐消除，对对方的评价不但发生了转变，还喜欢上了对方。我们之前提到第一印象非常重要，那么为什么有时候相较于初次给我们留下良好印象的人，有的人反而更容易喜欢上之前印象不好的人呢？

心理学家研究发现，一个人对他人印象的形成和转变，就好像在心理上进行加减运算，只是它所遵循的法则和一般的数学不太一样。如果一个人最初对 A 的印象为正性（即留下好印象），而对 B 的印象为负性（即留下不好的印象），在这之后两个人如果不约而同做了同样一件可以赢得此人好感的事情，那么此人对 B 的综合印象反而可能会更好，甚至是远远大于一开始就给他留有好印象的 A。相反的，如果这两个人都做了一件会引起他人反感的事情，那么 A 获得的减分反而会更大。这是因为一开始两个人在评价者心理上的起点是不一样的，当他们做出和评价者对他们的最初认知相反的行为时，就会给评价者造成一种心理上的巨大反差感，那么这件事就会被夸大，从而在综合评定上占有更大的比重。

这是"得失理论"在人际吸引中的一个典型例子。得失理论是美国心理学家阿伦森提出来的。他经过研究后认为，在人际关系中，一成不变地讲好话并没有像先讲坏话然后再慢慢地变成讲好话的情形来得更吸引人、讨人喜欢。我们对这样的人的喜欢程度会比那些一直说好话的人来得高些。这种先贬后扬的吸引效应就是人际关系中存在的"得"与"失"现象。在与人交谈中，很多时候最能让对方开心的方法并不是从头到尾一味地褒奖。先抑后扬的说话方式，让对方先是感觉失落，有点受伤，之后的褒奖则会使对方更加开心，这样反而会为你赢得异性的青睐。比如有男士对某个女士说："你的妆化得太浓了，你不化妆更好看。"就会让女性觉得更为高兴，同时也会觉得这个男生很真诚、沉稳。这样可能比直接夸奖她漂亮更能赢得好的印象。

当然说起来容易，做起来未必这么轻松。"贬低"的分寸到底该如何拿捏，还应视对象和场合而定，这值得我们在生活中仔细揣摩和多加练习。

121 为什么人们难免"以小人之心，度君子之腹"？

人们好像常常不自觉地有这样的心理：自己喜欢的，别人也会喜欢。比如，在为朋友选择生日礼物的时候，我们多半会选择自己喜欢的；再比如说你喜欢玩电脑游戏，那么就有可能高估其他人对电脑游戏的热衷程度。你知道吗，这一切都是"投射效应"在起作用。

投射效应（projection effect）即指在人际认知过程中，人们常常假设他人与自己具有相同的属性、爱好或倾向等，总是认为别人理所当然地知道自己心中的想法。"以小人之心，度君子之腹"就是典型的投射效应。喜欢嫉妒的人常常也会将别人行为的动机归纳为嫉妒，别人对他稍有不恭敬，他便觉得别人在嫉妒自己；心胸狭窄的人常常觉得别人都是斤斤计较的，一举一动都充满恶意。

心理学家罗斯做过有关投射效应的研究。他向 80 名大学生征求意见，问他们是否愿意背着一块大牌子在校园里走动。结果，有 48 名大学生选择了接受，并且认为大部分学生都会乐意背；而拒绝背牌的学生则普遍认为，只有少数学生愿意背。可见，这些学生都不自觉地将自己的态度投射在了其他人身上。

投射效应的存在，有时候可以帮助我们节省很多认知资源，使得从对别人的看法中推测这个人真正的意图或者心理特征。因为人具有一定的共性，有相似的要求，所以，在很多情况下，我们的推测都具有一定的针对性。但是，"人心不同，各如其面"，人与人之间毕竟是有差异的，不考虑个体差异，随意投射，就会出现很多误会甚至是错误。比如在日常生活中，有的父母常常将自己的想法投射到孩子身上，觉得自己认为对的，就是符合孩子需求的，他们让孩子上各种兴趣班，甚至不顾孩子的兴趣爱好和特长，帮孩子定专业、选学校。

其实，人与人之间既有共性，又有个性，如果投射过度，总是以己度人，那么我们将很难真正了解别人，也无法真正了解自己。

122 为什么有令不行会带来"破窗效应"？

我们会发现，如果公园的地面非常干净，大家会非常自觉地把杂物扔进垃圾箱，而如果地面很脏，那么即使垃圾箱就在眼前，大家还是会随手把垃圾扔在地上。这就是心理学中的一个有趣现象——"破窗效应"。

破窗效应（broken windows theory）这一说法非常生动，具体说来就是，如果一个房子的窗户破了，没有人去修理，那么隔不了多久，其他的窗户也会莫名其妙地被人打破；一面墙，一旦出现一些涂鸦而没有及时清洗掉，那么很快地，墙上就会布满乱七八糟甚至不堪入目的东西……

1969年，美国的心理学家菲利普·津巴多（Philip George Zimbardo，1933—　）做了一项实验，他找来两辆一模一样的汽车，分别停在一个中产阶级社区和一个相对杂乱的街区。他把停在中产阶级社区的那一辆车的车牌摘掉，并且把顶棚打开。结果这辆车一天之内就被偷走了；而放在杂乱街区的那一辆，停了一个星期也无人问津。研究者随后用锤子把这辆车的玻璃敲了个大洞。结果仅仅过了几个小时，它就不见了。

破窗效应的实验看起来非常有意思，那么会心一笑后，你从中获得了哪些启示呢？其实，任何一种不良现象的存在，都会传递一种信息，这种信息会导致不良现象的无限扩展；同时我们应当高度警觉那些看起来偶然的小过错，如果对这种小过错不及时加以纠正，就会纵容更多的人去犯错，最终可能造成"千里之堤毁于蚁穴"的恶果。

123 为什么望梅能止渴？

市场上做买卖的人，常常向顾客介绍他的商品如何价廉物美；有些商贩，为了推销商品，故意让其同伙拥挤在他的货摊前，造成生意兴隆的假象；一些商店出售廉价物品时，往往冠以"出口转内销"来招徕顾客……这些都是通过"暗示"的方法，改变顾客的态度，从而使顾客愿意买自己的商品。

暗示是在无对抗条件下，用某种间接的方法对人们的心理和行为产生影响，从而使人们按照一定的方式去行动或接受一定的意见和思想。曾有一位化学教师向学生出示一个玻璃瓶，并告诉大家，瓶内装有一种恶臭的气体，在空气中会很快散发开来，瓶塞打开后，闻到臭味的请立即举手。接着他打开了瓶塞。15 秒钟之后，前排多数学生已举手；1 分钟后，全班 3/4 的学生举手。而实际上，瓶内并无恶臭气体，这只是一个空水瓶而已。

暗示会对我们的心理和行为产生一定的影响。美国心理学家谢里夫曾就暗示的作用做过一个实验。他要求大学生对两段作品作出评价，第一段作品是英国大文豪狄更斯写的，第二段作品是一个普通作家写的（其实这两段作品都是狄更斯所写）。受了暗示的大学生对两段作品的评价悬殊：第一段作品获得了宽厚而又崇敬的赞扬，而第二段作品却备受苛刻而严厉的挑剔。你看，两段作品明明出自同一作者，只不过受到的暗示不同，得到的评价就有了天壤之别，这充分证明了暗示的作用之大。

暗示也会对我们的生理状况产生影响。人们所说的"望梅止渴"、"谈梅生津"、"画饼充饥"……这些都是暗示在我们生理上产生的作用。

124 为什么我们有时候会被心跳的感觉欺骗？

真爱降临时到底会有怎样的反应呢？是一时间的手足无措和面红心跳吗？也许你会认为爱情的产生和场所没有什么关系，但其实有些场所会对你的认知产生干扰，让你错以为爱情发生了。

1974 年，情绪心理学家阿瑟·阿伦（Arthur Aron, 1945— ）曾经做过这样一个实验。他找了一位漂亮的女性做研究助手。实验过程大致是这样的：女助手首先给了那些同意参加调查的男性一份很简短的问卷，告诉他们这个实验的主要目的就是了解一下他们对问卷上问题的看法。但实际上这只是个幌子，问卷上的问题对这个实验没有任何意义。接着，女助手通过与这些男性聊天，让他们为一张照片编个

故事。最后，每个实验参与者都得到了漂亮女助手的名字和电话，他们被告知如果还想进一步了解实验或者跟她联系，则可以给她打电话。实验的特别之处在于，参加实验的 3 组男性分别在 3 个不同的地点接受调查。一是一个安静的公园；二是一座坚固而低矮的石桥；第三个地点是一座危险的吊桥，这座桥全长 450 英尺，宽 5 英尺，仅靠两条粗麻绳悬挂于河谷的上空。阿伦真正关心的问题是，实验者会编出什么样的故事，以及谁会在实验后给漂亮的女助手打电话。实验结果非常有趣，他发现与其他两组相比，在危险的吊桥情境中的参与者给女助手打电话的人数最多，而他们所编撰的故事中，也更多含有情爱的色彩。

此后，加拿大心理学家达顿也做了类似的实验。他们让两位漂亮的女性分别站在吊桥和木桥中间对 18—35 岁的男性进行问卷调查，之后女助手同样告知对方自己的姓名和电话。结果，在吊桥上接受调查的男性中有更多人给女助手打了电话。

这一结果该如何解释呢？让我们来听听心理学家沙赫特（Stanley Schachter，1922—1997）的说法。基于情绪认知理论，他认为在一般情况下，个体的情绪经验不是因遭遇的事件而自发形成的，它是一种两阶段的自我知觉过程。人们会先体验到自己的生理感受，如体温升高、心跳加速等；接着，才会产生对它的一个认知评价，也就是从周围的环境当中，为自己的生理感受寻找到一个合理的解释。在吊桥环境中，实验者因为过险峻的吊桥而出现了生理上害怕的反应，但因为有漂亮的异性在场，他们其实并不能真正地分清这种心跳加速的感觉是吊桥的危险性还是异性的魅力引起的，所以就想当然地以为自己产生了恋爱的感觉。如果那时候没有漂亮的异性出现，他们可能就会觉得是吊桥让自己害怕了。

同理，在能产生心跳感觉的场所中，比如放映恐怖片的电影院，游乐场里的过山车或者高楼顶的餐厅，如果这时候我们身边有不错的异性，很有可能就会使我们误以为自己产生了恋爱的感觉。

125 为什么心境会影响我们的助人行为？

每次灾难发生的时候，我们都可以看到一些感人的场景：人们冒着生命危险去拯救别人的生命，人们不留名地向那些需要帮助的人伸出援手；而在每一个平常的日子里，那些普通却充满爱的场面也时刻温暖着我们的心：在公交车上有人主动为老人和孕妇让座位，慈善爱心屋里大家为贫困学生捐赠衣物……那你思考过谁最有可能帮助他人吗？

从性别来看，如果帮助行为需要较大的体力，或者助人情境比较尴尬时，男性当然更可能会帮助他人。而在善解人意、将自己置身于他人的情绪空间之中体察关怀他人方面，女性的助人倾向则比男性更强。

从性格特征来看，社会责任感和助人行为有着直接的联系。社会责任感是一个人做出助人行为的出发点，是激发一个人行动起来以实现一定道德目的的内在动机。同时，具有较高的积极情绪性、共情能力和高自我效能感的人往往更关心人，也容易表现出助人行为。

助人行为同样受到心境的影响。这里说的心境是指一种弥漫性的持久而微弱的情绪状态。当一个抑郁的年轻人完全沉浸在对自身的关注之中时，他很难做到关心周围的人，更别说提供任何帮助了。但有些时候你会发现帮助了别人会使你消极的心境转好一些。阿尔森等心理学家做过一个"心境影响助人行为"的实验。他们通过评价的方式，使参加实验者形成积极或者消极的情绪状态。紧接着，有人以支持改善中学生活设施为名向他们募捐。实验结果表明，积极情绪组的人平均每人捐了 4 元钱，而消极情绪组的人平均只捐了 7 角钱。研究者对此所作的解释是：成功的体验给人带来的满足感具有扩散作用，并由此提高了成功者对一般人或事的好感。

126 为什么说失去也是一种财富？

日常生活中，失去绝对是一种极为糟糕的经历和情感体验。无论是难得的表演机会与我们擦肩而过，还是匆忙间弄丢了钥匙，对于失去，我们常常会懊恼、抱怨，觉得可惜，甚至会沉浸其中，无法自拔……这其实都是"存肢效应"在左右着我们的认知和情绪。

存肢效应是指人的一段肢体被截去后，人的心理在相当长的一段时间内都会对那个空落的位置有存在感和支配欲。而这种对过去的留恋和依恋，会让有些人一味地沉浸在无谓的执着之中，不敢也不愿意面对现实，以至于固步不前。

但是作为生活在这个世界上的个体，不可能不经历失去，与其抱残守缺，不如果断放弃，美梦破灭之后依旧会迎来黎明。不如让我们来看看"圣雄"甘地是如何面对失去的吧。

一次，甘地从孟买坐火车到新德里。当他刚刚踏上车门时，火车正好启动，他的一只鞋子不慎掉到了车门外。看到这一情景，周围的旅客无不为之惋惜。让人意想不到的是，甘地立即将另一只鞋也从车窗边扔了下去。一只鞋子已经掉了，为什么还要将另一只也扔下去呢？面对周围人的疑问，甘地微笑着说："不管这双鞋多么昂贵，既然一只已经丢了，剩下的一只对于我来说还有什么用处呢？把它扔下去，就可能让捡到的人得到一双新鞋，说不定他还能穿呢。"甘地看似反常的举动，得到了大家的钦佩。这一件小事，却道出了存肢效应的应对办法，那就是坦然地面对失去，把失去作为一种财富，激励自己更好地向前走。

诗人泰戈尔曾写道：如果你因失去了太阳而流泪，那么你也将失去群星。任何人都难免经历失去，无论是一个小物件、一个人还是一段刻骨铭心的感情，失去的已不可挽回。要积极地开导自己去坦然地面对事实，不要耿耿于怀，沉浸在失望、悲观的情绪中，而是要培养自己受挫后的恢复能力，锻炼自己的心理弹性。事实上，只有你失去过某样东西，才会珍惜现在所拥有的，才会对未来的追求有更深刻的认识。

127　为什么幼儿园的小朋友特别在意墙上的小红花？

还记得幼儿园的光荣墙吗？还记得自己最多贴有几朵小红花吗？儿时的小红花往往是我们快乐和自信的源泉，我们会为了获得一朵小红花而开心好久，也会为了争取一朵小红花而付出很大的努力……那么，小红花存在的意义是什么呢？

幼儿年龄小，生活经验有限，他们往往不知道遇事如何应对或者哪些行为值得保持，在尝试和模仿的过程中，长辈们的反应就显得尤为重要了。而小红花就是一种最为常见的奖励手段，这种奖励代表老师对幼儿的积极评价。积极的评价能让幼儿感到自己受到了老师的关注和重视，会产生身心的愉悦感；当然，积极的评价还能使幼儿产生自信心，特别是对内向、不爱表达的幼儿更是一种莫大的鼓励和支持。从心理学的角度来说，这起到了强化心理效应的作用。老师对幼儿的良好行为进行奖励，会使得原本就有此行为的幼儿不断保持这种行为，而其他的幼儿也会竞相模仿此行为，并在得到奖励后也不断地强化。比如老师送给成绩有进步的幼儿一朵小红花，会使其他幼儿感知到榜样就在身边，真实可信，从而产生向他们学习的念头，学习他们那些被老师奖励的行为。

但是奖励的效果与实施的时间有密切关系。奖励的时间和奖励行为发生的时间间隔越短，效果越好。因此，对幼儿的表扬和奖励应当及时。当幼儿取得进步时，要立即给予肯定，这样才能强化他们的内在驱动力，才能使他们不断增强自信心去迎接后面的挑战。若幼儿有了好的表现，不及时表扬，而是过了一段时间才表扬，那么幼儿对这个表现和表扬就不会留下深刻的印象，自然也就不能起到强化的作用了。

128 你知道回形针有多少种用途吗？

回形针能做什么用？很多人的第一反应当然是夹纸，有的人想一想会找出 10 种用途，还有一些富有创造力的也许会骄傲地说出 100 种用途来。但是，你能想象吗，回形针的用途其实还远远不止这些呢！

只是由于受到"功能固着"的影响，人们把自己的思维限制住了。

功能固着（functional fixedness）是指个体在解决问题时往往只看到某种事物的通常功能，而看不到它其他方面潜在的功能。这是人们长期以来形成的对某些事物的功能或用途的固定看法。比如，电吹风，一般人只把它看作是吹头发用的，其实它还有别种功能，如可以做烘干器等；发卡，人们往往认为这只是女孩子用来卡头发的，其实它也可以充当螺丝刀拧螺丝钉；尺子，除了是测量物体长度的工具，它也可以是教鞭和指挥棒的替身呢……（参见本书插图页第6页上图）

为什么会产生功能固着现象呢？因为我们在遇到新出现的问题时，总是容易用过去处理这类问题时的方式或经验来对待和解决新出现的问题。如果在一切条件都没有发生变化的情况下，运用已有的经验和方法会使问题简单化，提高工作和学习效率。但是如果条件已经发生变化，仍然照搬过去的老办法，以固定的模式去应付多变的生活和学习，就会走许多弯路，使问题无法顺利解决。

如何消除功能固着的消极影响呢？（1）遇到问题时应当随机应变，多变换角度去思考问题，锻炼思维的灵活性；（2）善于运用条件和物品，因地制宜地解决当前所面临的问题；（3）在思考和解决问题的过程中，能够把有关的信息向各个方向、各个方面扩散，以此引出更多的信息，找出更多解决问题的方法；（4）丰富自己解决实际问题的经验，因为解决问题是以知识和实际经验为前提的，只有对周围事物的通常用途特别熟悉，并对其潜在用途也比较清楚，才能在解决问题的过程中应付自如。

129 为什么说"细节决定成败"？

在西方流传着这样一首民谣：丢失一枚钉子，坏了一只蹄铁；坏了一只蹄铁，折了一匹战马；折了一匹战马，伤了一位骑士；伤了一位骑士，输了一场战斗；输了一场战斗，亡了一个帝国。马蹄上丢了一枚钉子，本身是个十分微不足道的变化，但是其长期效应却能和一个帝国的存亡相联系，这与我们常说的"细节决定成败"不谋而合。

在心理学上，学者将一些看似微小的事情却有可能造成非常严重的后果称为"蝴蝶效应"（the butterfly effect），这一术语最直接的解释来自气象学家的阐述：一只蝴蝶在巴西轻拍翅膀，可以导致一个月后德克萨斯州的一场龙卷风。在我们的日常生活和学习中，一个看似不经意的动作，一句漫不经心的话，一个小小的失误，一个小细节的疏忽，都有可能作为产生蝴蝶效应的初始条件。而这些初始条件的极小偏差，却将给我们的生命带来意想不到的后果，甚至改变我们的一生。就像《礼记·经解》中说的"君子慎始，差若毫厘，谬以千里"。

同样的，一个正确的引导，一份细微的关爱，一次大胆的尝试，一个灿烂的微笑，一种积极的态度，或者一次真诚的服务，也可能是产生蝴蝶效应的初始条件，成为我们生命中意想不到的起点，打开我们生命的新篇章，改变我们的命运。

其实蝴蝶效应在我们的教育中也有所体现。比如，教师如果采取简单粗暴的教育方式对学生的行为进行无端的限制，那么将引发学生越来越逆反的心理和对立情绪，甚至引发学生的厌学情绪，导致学生辍学等情况的发生。而如果一个老师对学生采取的是润物细无声的教育方式，那么细微的爱护、小小的表扬都可能触动学生的心灵，引发学生的学习热情，使整体学习成绩有较大提高。

130 真的会富者越富，穷者越穷吗？

似乎很多人都有这样的认识：充满自信的人，无论面对任何事都很有信心，好像总是能够成功地解决问题，因此他也越来越自信了；而信心不足的人，面对问题时总是打退堂鼓，每次的挑战都是以失败告终，他也就变得更加没有自信了。朋友多的人，常常会利用其交友网络来结识更多的朋友；而缺少朋友的人则往往一直孤独。富裕的人会拥有越来越多的财富，而穷人则会越来越捉襟见肘……这些规律真的准吗？

心理学家将这些现象叫作"马太效应"（Matthew effect），即所谓强者越强，弱者越弱。马太效应是种既有消极作用又有积极作用的社会心理现象，其消极作用是：造成分配不公平现象。比如学习好的学生会不断得到老师的表扬，这往往会让他们失去清醒的自我认识，形成骄傲自满的态度，从而影响其今后的发展；而学习较差的学生则无人过问，间接就会使其失望气馁。而其积极作用是：对无名者有巨大的吸引力，促使无名者去奋斗，不断突破自我，战胜自我。

在教育领域，学校和老师的一切工作都是为了培养人、教育人、塑造人，所以教师对学生应该一视同仁，不可对某些学生过于"偏心眼"，同时，还要更多地照顾后进学生，给他们以帮助和温暖。

而对于我们个人来说，面对困难时，如果我们能更自信的话，战胜困难的能力就会不断提高。相反，如果我们一味采取自卑、逃避的态度，那么我们的能力就永远得不到提高。因此，我们应该注意培养自信心，享受成功带来的良好情绪体验，并使之成为我们不断发展的动力。

⎰3⎱ 我们为什么不喜欢冗长的演讲？

在大多数人看来，听讲座或者演讲真的不算一件愉快的事。有时候一开始还觉得演讲的人说得特别好，而随着时间的拉长，我们会变得越来越不耐烦或者昏昏欲睡。是他们的演讲质量下降了吗？其实是因为时间限度超越了我们的心理承受范围。

有一则关于马克·吐温的故事。一次，他在听牧师的募捐演讲，最初感觉牧师讲得好，打算捐款；10 分钟后，牧师还没讲完，他不耐烦了，决定只捐些零钱；又过了 10 分钟，牧师的演讲还在继续，他决定不捐了。终于，牧师结束演讲开始募捐时，过于气愤的马克·吐温不仅分文未捐，还从盘子里偷了两美元。像这种由于刺激过多过强或作用时间过久而引起逆反心理的现象，就是"超限效应"（overrun effect）。

如果你在作一场报告或是一场演讲，那么你必须要在头 3 分钟内进入你的主题，抓住听众的注意力，这就是所谓的"3 分钟效应"。在大型报告或演讲活动中，你更要控制好自己的时间，即便你需要呈现的内容很丰富，也要尽量将主讲内容控制在 50 分钟内。时间一长，听众的精神会疲劳，注意力就会分散，这时候不管演讲有多精彩，听众也很难再集中注意力听你说下去了。我们都知道，小学的一堂课大约在 40 分钟左右，而大学的一堂课基本是 50 分钟，就是因为这个原因。

超限效应不仅发生在演讲活动中，在我们的日常生活中也很常见。现在网络已成为人类生活当中必不可少的一部分，有时候我们打开一个网页，大量信息的同时涌入反而会淹没了我们对真正重要信息的接收。因此有的时候网络广告的刺激不宜过多，也不能太频繁，否则不但无法达到宣传的效果，反而会让消费者忽视内容或者产生厌烦的情绪。

132 你能识别他人的谎言吗？

你知道吗？第二次世界大战的爆发和希特勒的谎言有很大的关系。在 1938 年 9 月的慕尼黑会议上，德国、英国等 4 国代表签订了

《慕尼黑协定》，希特勒表示他并没有袭击捷克的想法，当时的英国首相张伯伦也对此深信不疑。然而不久之后，德国就向捷克发动了闪电战，击垮了准备不足的捷克军队。

谎言一直是科学家们感兴趣的研究话题，同样，也是电影电视作品所青睐的一个题材。许多热爱美剧的朋友一定知道 Lie to Me。该剧的内容主要源自行为学专家保罗·埃克曼博士的研究及其所著的畅销书 Telling Lies。在观剧或阅读过程中，我们会认识到人的面部、身体、声音和语言都透露着识别谎言的线索，并且从心理层面了解到，为什么那个人要作出那种表情（或反应，或情绪）。而这些都是人类的共性现象，几乎可以得到全世界的认同。以面部为例，不管是你学校的保安，还是远在沙特阿拉伯的酋长，都有快乐、悲伤、蔑视、恐惧、厌恶、惊讶、愤怒等7种主要表情。（参见本书插图页第7页下图）

我们都知道，识别犯罪嫌疑人的谎言对案件的侦破能起到很大的帮助，在日常生活中，我们也希望能够识破对方的谎言从而让自己占据有利的地位。那么，我们是否真的能识别他人的谎言呢？

一般我们都会认为说谎者的特征是避免目光直视，手势会透露出紧张的情绪，且会表现出焦虑。然而受过专业训练的研究员花费数个小时对比说谎者与说真话者的影像资料后发现，说谎的人同样也会正视你，不会紧张地搓手，也不会表现得坐立不安。研究者认为人们之所以无法识别谎言是因为将自己的看法当作了判断的依据，而这些行为与欺骗并无太大关系。那么究竟有没有什么迹象能告诉我们对方在说谎呢？研究人员通过分析发现，说谎者和说真话者遣词造句的方式存在差异。所谓"言多必失"，说谎者为了减少暴露的可能性，说的话比较少，提供的细节也相对较少。并且说谎者通常会在心理上和谎言保持距离，因而说话的时候很少提到自己的感受，也较少使用第一人称"我"。另外，对于一些不太重要的信息，说谎者似乎具有超强的记忆力，能清楚地记得一些细枝末节的东西，而说真话的人常常乐于坦陈自己已经不记得了。理查德·怀斯曼教授曾经和英国广播公司合作进行过一个有趣的研究，他们请了有名的电视节目主持人作为表演嘉宾，对他进行两次访谈，内容都是让他描述自己喜欢的一部电影，而一段是真话，一段是假话。随后在电视节目中播出，让观众判断哪一段说的是谎话。参与评判的观众中52%的人给出了错误的猜测，这个概率和抛掷硬币的随机性没有任何区别。但是如果根据我们之前提到的几点判断标准，你却能很容易地发现嘉宾在哪一段采访中说了谎。

首先，请你读出下列文字：

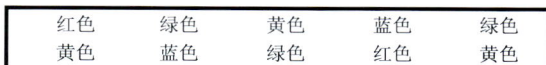

红色	绿色	黄色	蓝色	绿色
黄色	蓝色	绿色	红色	黄色

然后，请你说出下列颜色：

请回答下列文字的颜色

（注意，是文字的颜色，而不是文字表达的颜色）：

红色	绿色	黄色	蓝色	绿色
黄色	蓝色	绿色	红色	黄色

很奇怪吧，完成前两个任务好像毫无压力，可是当文字的颜色和文字表达的颜色不匹配时，你回答起来就要费点思量，这是为什么呢？让"斯特鲁普效应"告诉你答案。

（参见本书第 64 页"为什么有时会一下子认不出熟悉的人？"）

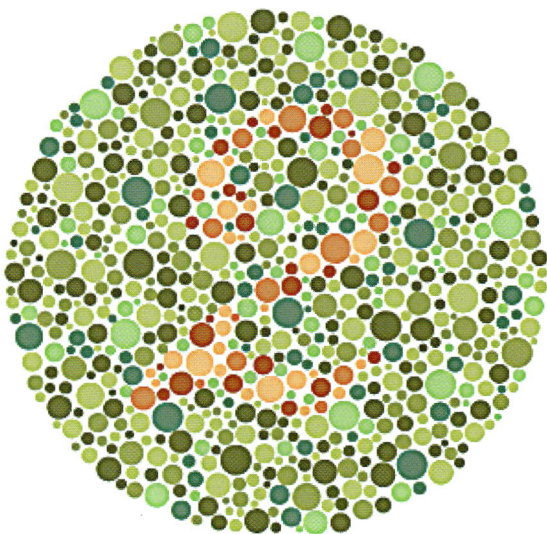

你能看出图片中的数字是几吗？

别小看这张由五颜六色的小圆点组成的图片，它能帮助诊断个体在颜色辨别上是否存在障碍，即是否"色盲"。

（参见本书第 34 页"为什么有些人的世界没有颜色？"）

注视图形中央 30 秒,然后闭上眼睛,再睁开看天花板或白墙。你看到什么了? 这就是心理学上所称的"视觉后像"。

(参见本书第 36 页"为什么焰火能停留?")

缤纷的色彩间其实互有亲疏。在这个由原色、复色和间色组成的十二色相环中,相邻的、色彩感觉也相近的是近似色;相距较远、色差较大的是对比色;每一种颜色与其对面的(180°对角)的颜色构成为互补色,这也是对比最强的色组,如红和绿等。

(参见本书第 38 页"为什么浅色和深色放在一起会显得更浅?")

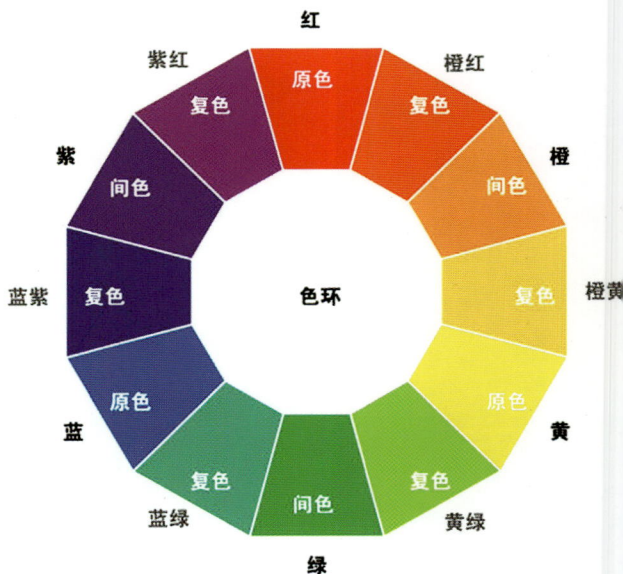

红
橙红
紫红
复色 原色 复色
橙
紫 间色 间色 橙黄
蓝紫 复色 复色
色环
蓝 原色 原色 黄
复色 复色
蓝绿 间色 黄绿
绿

斯金纳箱中的老鼠。由于它发现每次按下操纵杆，食槽中就会出现一定量的食物和水，于是，它很快形成了频繁按压操纵杆的习惯。心理学家斯金纳通过这一装置及相关研究，证明了操作性条件反射的形成。

（参见本书第11页"为什么奖励能让老鼠变得'聪明'？"）

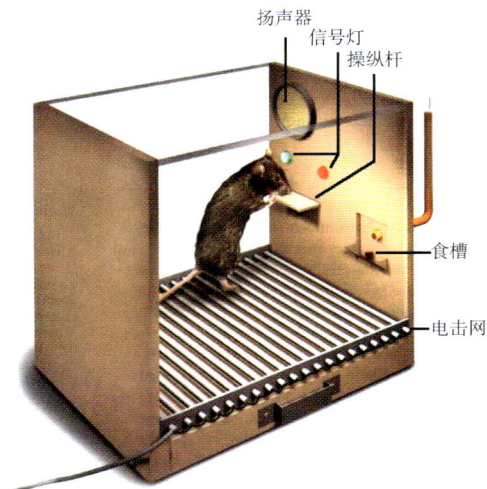

扬声器
信号灯
操纵杆
食槽
电击网

刚出生不久的小恒河猴面前有两个"妈妈"：一个是胸前有奶水装置的铁丝母猴，另一个是柔软的绒布母猴。幼猴会更依赖哪个妈妈呢？——这是英国比较心理学家哈利·哈洛的一项有趣的实验。

（参见本书第88页"俗话说，'有奶便是娘'，这是真的吗？"）

壁作为对照，我们会认为左边两个人一样大，只不过一个在近处，一个在远处罢了；而在图的右侧没有背景对照的情况下，与中间的人相比，最右边的人仿佛来自小人国。事实上，最右边的人和最左边的人完全是同样大小的。

人对物体的大小知觉常常依赖于知觉背景。在此图中，因为有深度透视的墙

（参见本书第59页"为什么在你眼中远处的大象还是比近处的小狗大？"）

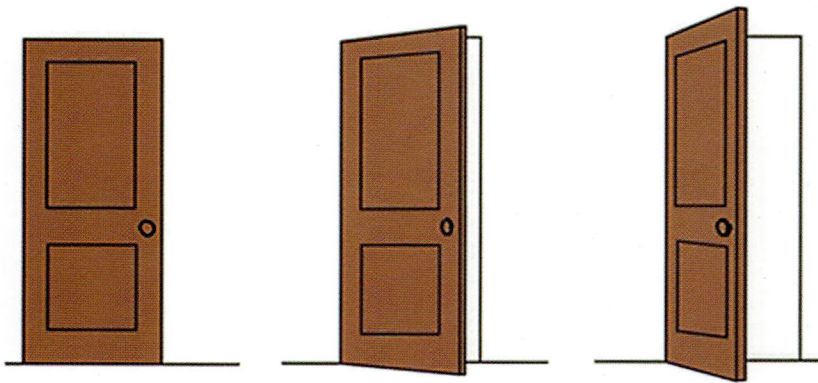

尽管这三扇门的角度不同，但在形状恒常性的作用下，我们常常会把它们知觉为相同的矩形。

（参照本书第59页"为什么在你眼中远处的大象还是比近处的小狗大？"）

罗夏墨迹测验是一项得到广泛使用的投射型人格测验的方法。它共有 10 张墨迹图，所有图形对称且无意义，此为其中的一张。

（参见本书第 96 页"为什么心理咨询师能从你的画中看出你的心事？"）
资料来源：
Hermann Rorschach，1921

用于心理治疗的沙盘。要求来访者从玩具架上自由挑选玩具，在盛有细沙的特制箱子中进行创作；心理医生通过这样的方式和对方交流，以了解来访者的内心想法。

（参见本书第 112 页"为什么沙盘可以起到心理治疗的作用？"）
资料来源：
华东师范大学心理健康辅导中心 汪媛

这是美国心理学家梅尔在1931年设计的一个实验，要求被试将房间的天花板上垂下来的两条绳子连在一起打个结；由于两根绳子的间距较大，一手握住一根绳后，很难再够着另一根；在这个实验的房间里，放有椅子、钳子、书、篮球等物品。怎样才能完成任务呢？

解决方法是把钳子拴在绳子上，作为摆锤，当绳子摆动起来时，就可以同时拉住两根绳子了。此实验考查的是被试能否突破功能固着的思维，借助看似无关的材料解决问题。

（参见本书第167页"你知道回形针有多少种用途吗？"）

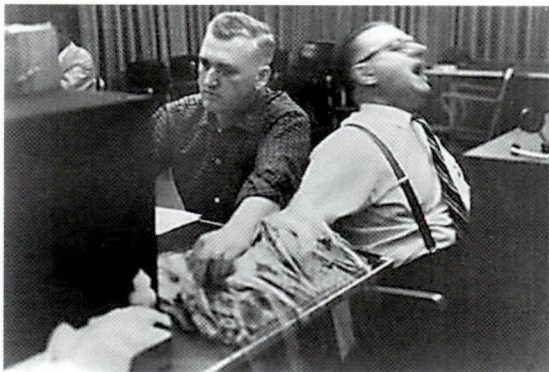

受罚者试图将手从电击板上挪开，从而避免150伏特的电击。而此时，主试命令你将他的手按住。你会怎么做？

放心，这是美国社会心理学家米尔格莱姆设计的服从实验，所谓的电击效果都是假的，受罚者也是实验助手假扮的。然而，在不明真相的被试中，有30%的被试不顾受罚者的"痛苦"，选择了服从主试的命令。

（参见本书第214页"为什么人们会毫无原则地服从？"）
资料来源：
Stanly Milgram，1963

这幅画中，法国神经学家尚·沙考（Jean Charcot，1825–1893）在向学生展示如何将一位癔症妇女催眠。从沙考所在的时代开始，医生逐渐认识到催眠的原理其实是心理暗示。

（参见本书第 94 页"催眠真的能让人睡着吗？"）

快乐

悲伤

蔑视

恐惧

厌恶

惊讶

愤怒

快乐、悲伤、蔑视、恐惧、厌恶、惊讶和愤怒是人类的主要表情，通常通过人们的面部神情和身体姿态表现出来。

（参见本书第 171 页"你能识别他人的谎言吗？"）

资料来源：

Susan M. Weinschenk.《设计师要懂心理学》. 人民邮电出版社，2013：167

班杜拉著名的"波波玩偶实验"。将儿童分为实验组和对照组。实验组中的儿童与成年人一起待在一间屋子里，屋子里有一个约1.5米高的充气娃娃；成年人对娃娃实施了长达9分钟的暴力侵犯，嘴里还不停地叫喊"打倒它"。而对照组中，与儿童在一起的成年人没有对娃娃实施暴力侵犯。研究者发现，观察到成人攻击性行为的实验组儿童，比对照组的儿童会做出更多的暴力动作。

图中即为实验组的成年人暴力演示和儿童的模仿行为。

（参见本书第146页"为什么暴力可以习得？"）

资料来源：

Albert Bandura, 1961

群 体 心 理 学

133　为什么有的孩子在家一个样在学校又一个样？

　　小孩子的成长过程中好像都会有这样的矛盾经历：在家总是不好好吃饭，连哄带骗也吃不了几口，一顿饭总是要拖拖拉拉吃上几个小时；可是到了幼儿园，孩子不仅吃饭不用人哄，还吃得又快又干净，简直像变了一个人。小时候的你也是这样的吗？你知道这是怎么一回事吗？

　　我们常常在影视作品中看到，明明是同一个演员却能够在不同的剧本中活灵活现地扮演不同的角色。你是否曾为他们的演技深深折服？但是你知道吗，你也是一个优秀的演员哦！生活中的我们身处不同的群体，有着不同的群体环境，因此我们在不同群体中扮演的角色也是不同的。不同的"群体角色"就会附带人们对这个群体角色的期望和他的职责。在一个群体中，一旦某个角色被设定了，其他成员就会期望这一成员有相应的表现。那些符合他们角色要求的成员会获得奖励，而那些偏离他们角色要求的成员则会受到惩罚。

　　孩子在家庭群体中，扮演的是父母的子女这一角色，他（她）清楚地知道父母对自己的包容，因此自己可以随心所欲地撒娇、挑食。

而在幼儿园里，孩子的角色变成了学生，他需要获得老师的认可和同伴的接纳，因此他就会为了符合大家的期望而改变行为方式。比如在幼儿园里，老师会奖励吃饭又快又好的孩子，甚至会给他们贴一个小星星在头上作为褒奖，被表扬的孩子可以获得同伴的羡慕和关注，被认可和接纳，因而他们就会力争做吃饭又快又好的孩子。

孩子在家和在幼儿园的表现之所以不同，是因为在这两个环境中他们被赋予了不一样的角色，对他们行为的期望和他们的角色义务也就不一样了。

134 日常生活中也存在"游戏规则"吗？

一般我们在玩游戏的时候要先了解游戏规则，弄明白怎样做才符合规则，哪些行为属于犯规，以便能使游戏有序地进行下去。同样，在我们日常的生活中也存在"游戏规则"，那就是群体规范。

打从步入学校的第一天开始，我们就知道迟到、早退、旷课是不被允许的。作为学生做到这一点是最基本的，这就是"群体规范"。所谓群体规范就是群体制定的规则，它规定了所有群体成员的行为。这个规定可以是明文标示的，也可以是成员内心所公认（约定俗成）的。比如，现在的学生出去聚餐默认是 AA 制，虽然这往往并没有事先明说，但是在最后付账的时候，每个人都会自觉地拿出自己的那一份钱。

群体规范告诉群体成员在不同的情境中应该有哪些行为，不应该有哪些行为。简言之，群体规范就是群体成员所公认的有关什么是群体成员适宜的行为、态度和认知的标准。这些既定的行为及信念模式不仅对成员行为进行引导，而且还通过在特定情境下被期望和可接受的行为反应来增进群体互动。因此，规范既为预测其他成员的行为提供了基础，也成为成员自身行为的指导标准。这些规范如同游戏规则，规定了我们该如何行事。如果逾越了这个规则，那么游戏也就不能进行，被群体接纳和融合的概率就会降低。

除此之外，由于对行为的期望标准是由群体认可的，所以这些规范就包含了"应该"或者"必须"的属性，比如群体成员不能破坏群体任务的实现，必须为实现目标出谋划策，等等。这些规范有些是针对群体中的所有成员的，比如老师和学生都不该上课迟到，还有一些则是针对个人的，比如学生不能拖欠作业，老师应该认真备课等。因而，要更好地融入一个群体，了解群体的规则并且遵守它是基本而重要的。

135 为什么你会放弃自己的判断而跟着多数人的意见走？

今天你们几个好友准备去外面吃饭，选择有很多：炒菜、面食、汉堡或者披萨。你心里没有确定的主意，但你个人比较偏向于吃汉堡。这时候，其中一个同伴说他想要吃炒菜，而与此同时又有两个人附和，这时候你很可能就会放弃吃汉堡的想法，转而参与到吃什么炒菜的讨论中。

上面的这个情境在我们日常生活中非常普遍。当你所在的小群体共同行事的时候，就会产生群体规范，但群体规范往往并非是谁强加的，它们源自群体成员之间的互动。

社会心理学家谢里夫（Muzafer Sherif，1906—1988）在 1936 年就做过一个有趣的实验，极富创造性地证实了群体规范是社会化产物这一观念。当我们在完全黑暗的环境中观察一个固定的亮点时，亮点看起来是在自发运动的，这一知觉现象被称为"游动效应"（autokinetic effect）。谢里夫利用这一现象来研究群体规范。他把参与者领进一个完全黑暗的房间，给出一个微弱的光点，要求参与者回答光点运动了多少距离。首先是个体实验，之后是群体实验。当群体实验时，要求参与者们在对光点的运动距离的判断上达成共识。然而，谢里夫却在其中安插了实验助手，通过故意给出极大或极小的估计值来显著地提高或降低群体对于光点运动距离的估计。一旦群体作出光点运动距离的估计之后，即使其他群体成员不在场，个体的行为也会受到群体规范的影响。也就是说，个体将大多数人的决策作为参考框架来感知光点的运动。谢里夫的研究证明了非常重要的一点，那就是在群体中，许多决策和评价看似是由个体决定的，但实际上却受到了群体其他成员影响。

我们在日常生活中也是如此，因为我们不可能完全脱离群体而存在，因此我们所作出的决定往往会受到所在群体中其他成员的影响，这种影响可能是非常直接的，也可能是间接存在的；它可能是非常明显的，也可能是很隐晦的。

136 哪些群体目标更容易实现？

我们先来做一个小练习。请你找到一个或几个人作为你的搭档，先一起完成这样一个任务：形成一个有效的团队。

好，接下来你们一起完成这样一项任务：合作组装一个模型。

作为群体的一员，你觉得上述两个任务哪一个更容易完成呢？

对比上述的两个任务，你是否觉得完成后一个更加容易些呢？因为对你来说第二个目标更明确、更具有可操作性，并且你和你的搭档对这个任务的理解基本是一致的。而对于第一个目标，你也许并不清楚何为"有效"，并且成员间对这个任务的理解极有可能存在偏差，因而圆满完成的可能性就相对要低很多。所以，用操作性的方式来陈述群体目标，它们就会变得更为明确。

可操作的目标是指，实现目标的步骤是明确的。比如我们看见花是红色的（可观察性），我们知道为什么会产生日食（可解释性），我们知道二元一次方程至多有两个解（可确定性）。而不具有可操作性的目标则是不可辨别的，比如第一个目标中所要求的"有效"，这个概念非常抽象，它所指和代表的事物也就非常模糊，因而你和你的搭档在面对这个目标的时候就会显得无所适从，即使你们对此进行讨论，也很可能无法达成一致的意见。而后一个目标，当你们以分工合作的方式共同组装起一个模型的时候，你们就可以清楚地知道自己已经达成了目标。

如果一个群体想让其成员作出共同实现某项目标的承诺，那么其中一种方式就是让目标符合 START 准则。即这个目标须符合以下特征——

S（明确）：这样成员才能清楚地理解它并制订出实现它的计划。明确的目标会告诉成员接下来应该做什么。

T（可追踪和测量）：群体成员应该能够确定在何种程度上他们已经达到了目标。目标应该具有良好的操作性，这样实现目标的过程就会清楚易懂。

A（可实现）：确保成员有五成的机会实现它们，但同时也应该具有足够的挑战性。如果成员足够努力并且拥有充分的团队合作，是可以实现这些目标的。

R（具有相关性）：即必须与群体成员以及群体中其他利益牵涉者的利益相关。成员必须能意识到目标是有意义的，并且个人对目标实现存有承诺。

T（可迁移）：它应该是以让成员能够将所学到的东西迁移到其他情境为目的的。

137　信任是如何建立的？

　　每个人在社会生活中都要和他人打交道。看似身边相识的人不少，但并非所有的人都能成为你倾吐心声的对象，也并不是每一个人都能成为你的好朋友，你们关系的深浅往往取决于你对他们的信任程度。

　　信任是通过一系列他人的信任行为和令他人信任的行为建立起来的。如果一个成员 A 冒险选择了自我表露，那么他是否被认可取决于另一个成员 B 对他是接纳还是拒绝。同样的，如果成员 B 冒险表现出接纳性、支持性和合作性，信任是否能得以实现，也要取决于成员 A 是自我表露还是自我封闭。

	高接纳、支持与合作		低接纳、支持与合作	
高公开和分享	成员 A	信任他人的认可的	成员 A	信任他人的落空的
	成员 B	值得信任的认可的	成员 B	不值得信任的无风险
低公开和分享	成员 A	不信任他人的无风险	成员 A	不信任他人的无风险
	成员 B	值得信任的落空的	成员 B	不值得信任的无风险

　　风险和认可可以建立起人际信任，而风险和不确定可以破坏人际间信任。没有风险就谈不上信任，而群体成员之间的关系就无法向前发展。建立信任可以通过这样的方式：A 冒险向 B 表露自己的想法、信息、结论、感受和对当前情境的反应。之后，B 回应以接纳、支持和合作，并且对 A 的自我表露回应以他自己的想法、信息、结论、

感受和对当前情境的反应。

也可以通过这样的方式：B 对 A 表现出接纳、支持和合作性。随后 A 对 B 回应以自己的想法、信息、结论、感受和对当前情境的反应。只有公开和分享的水平，与接纳、支持和合作的水平都较高时，双方的信任才能得以建立。

138 为什么一些不经意的表现会破坏朋友对你的信任？

古训说：打江山易，守江山难。人与人之间的信任又何尝不是如此。有时候虽然你已经极力维系彼此间的信任关系，但还是有种种迹象表明那个朋友在慢慢疏远你，这时候你应该好好想想是否自己有哪些不经意的表现破坏了这层脆弱的关系。

两个人之间建立起信任关系是很不容易的，需要很多的时间和精力。然而，信任关系的破坏却往往是一瞬间的事。为了建立信任，每个人都要先撤下防备，然后看看别人有没有辜负自己的信任。在两个人建立起高度的互相信任之前，会经历很多这样的考验。然而，只要一方辜负了对方的信任，不信任就产生了，而且一旦产生就会像瓷器上的裂缝那样难以修复。不信任之所以难以消除，是因为受伤害的一方认为尽管此时对方试图弥补，但是他将来还是会背叛自己。

那么什么样的情况下，我们会让对方产生不被信任和不值得信任的感受呢？当一方用拒绝、嘲笑或不尊重来回应另一方的坦率表露时，不信任就产生了。嘲弄他人的损失、嘲笑他人的自我表露、对他人的行为说教、随意评价他人行为、保持沉默、摆个扑克脸等，你所能想到的这些表达拒绝他人的行为，都会抑制对方的行为表达，在一定程度上破坏双方的信任关系。当一方没有对另一方的坦率给予回应的时候，也会产生不信任。如果一方是坦率的，而另一方却没有回报以坦

率，坦率的一方就会感受到暴露过度并受到伤害。当一个群体成员不愿意表露他的想法、信息、结论、情感和反应时，也会产生不信任。如果一方表现出接纳而对方却以封闭和防御来回应他，这个群体成员就会认为自己被对方拒绝，并有一种价值感丧失的感受。在一个团队中，成员之间一旦存在彼此间的不信任，就会降低群体成员的目标承诺，扩大社会惰化，增大群体成员之间的竞争并导致破坏性的冲突。

因此，一旦建立起了信任，对信任关系的维系是相当重要的。

139 为什么你的预测有时候特别准？

一个教师认为某个学生朽木不可雕，于是处处忽视他，那个学生也相信了这一预言，于是自暴自弃，最后果然一事无成。

一位员工整天害怕失去现在这份工作，于是总是留意别的工作机会。他的老板发现他竟然在另外找工作，所以开除了他。你看，这个丢工作的预言就真的实现了。

生活中，我们常常听到人们说："你看，被我说中了吧！"那么这些预言真的这么准吗？

当我们对一个人或一件事进行预言或解释后，就会让事情的发展按照自己预言和解释的方向推进，结果自己就这样兑现了预言，这就是"自我实现预言"（self-fulfilling prophecy）。换句话说，我们的预期可以影响现实。

1945 年时，1 英里（1609 米）跑的世界纪录为 4 分 01 秒。当时，人们普遍认为，很快便会有人突破这 1 秒之差，闯入 4 分钟大关。然而这一纪录却保持了近 10 年。不少医生和生理学家认为，4 分钟内跑完 1 英里超出人类的生理极限，难以实现；而此后几乎所有的长跑纪录都证实了他们的结论。可是，罗杰·班尼斯特（Roger Bannister）对此却有不同的看法，他说："4分钟内跑完1英里是可能的，我要做给你们看。"说这话时，他是牛津大学的医学博士，也是一名出色的运动员。他当时1英里跑的最好成绩是4分12秒，因此没有人注意到他。

班尼斯特坚持苦练，跑步的速度逐步提高：4分10秒、4分05秒……但同很多人一样，他的成绩到了4分02秒就止步不前了。他没有气馁，坚持认为"在这件事上，人类没有极限，我能在4分钟之内跑完1英里"。此后，他一次又一次地尝试、一次又一次地失败……直到1954年5月6日，班尼斯特终于成功用3分59秒跑完了1英里。此事引起轰动，曾登上世界多家报纸的头版头条。班尼斯特为自己设立了一个看来难以企及的目标，通过自己的不懈努力最终获得成功，这是"自我实现预言"的一个生动例证。

自我实现预言在人际交往中的作用同样惊人。你对其他人的评价以及相应作出的行为模式会影响对方对你的回应方式，因而会在你的人际关系中创造出自我实现预言。人们的行动通常会符合他人对自己的期望。如果其他人感受到你的不信任并认为他们会辜负你的信任，那么他们真的会这样做。如果他们感受到了你的信任，那么他们的行为也会符合你的期望。你有充分的理由去相信其他人是值得信任的。

可见，自我实现预言的确是一种强大的心理力量，其关键在于信念，自己相信，让别人相信，它才能得以实现。

140 为什么我们偏爱"自己人"？

喜欢看 NBA 的朋友一定知道，在 2012 赛季，纽约尼克斯队的华裔选手林书豪大放异彩。林书豪的出色表现简直掀起了一波收视狂潮，特别是在中国、日本等亚洲国家，民众中对 NBA 关注的人数迅速上升。国内的相关论坛上，支持者们纷纷发表自己的看法，有不少人大呼过瘾。这明明是美国职业篮球联赛，他们的输赢和我们有什么关系呢？有的人会说这是由于国家荣誉感，可是林书豪是美国国籍，那又怎么解释呢？除了我们，日本和韩国人对他居高不下的关注度又是出于什么原因呢？

当你刚到一个新环境，比如新的学校时，你首先寻找的很可能是"和我来自一个地方"或"有着相同兴趣"的人。而对于一场比赛或辩论，你支持的也很可能是那些"和我有些类似"的人，尽管之前你和他并没有过多的接触，甚至在这之前彼此并不认识。这是因为在当下那个时刻你已经在自己心中划分了群体，并形成了群体"内"和群体"外"的区别。对于那些被你划分在群体"内"的人，你和他们的心理距离要比那个群体"外"的成员近得多。

曾经有心理学研究者做过这样一个实验：他在一个班级随机请了两个学生按指令作画（其实研究者事先安排好了这两个人怎么画），然后研究者让在座的学生评价他们两个谁画得好，答案显而易见，大家的意见很统一，几乎都选了那个明显画得较好的同学。而在另一个班级，研究者先将班级进行分组，并在每一组中抽取一名学生作画（也是事先安排好的），同样让在座的学生评价，结果几乎所有的学生都选择了自己组的那个同学。

由此可见，有时候一个群体的形成远比人们想象的要容易，群体"内"和群体"外"的"距离"也比人们预期的要远。那些被我们认为是"自己人"的人，总是会轻易赢得我们的支持、认可和喜爱；而那些被我们认为是"外人"的人，则很容易被我们排斥、反对和厌恶。在黑人和白人称霸的美国职业篮球联赛中，林书豪的出色表现，让黄种人瞬时产生了一种群体内的自豪感，同时也很快地决定支持并关注这个球员，即使他拥有的是美国国籍，我们依然会轻易地把他和自己归为一个群体，因为相较于其他美国国籍的球员，他和我们更为相似。

141 为什么有时学生比老师更有号召力？

学生时代，好像总是有那么一些调皮的学生让老师费尽了精力，他们上课无精打采，不遵守课堂纪律，几个人联合起来捣蛋，老师怎么管教都无济于事。但是他们中间往往有个领头的，只要他说什么，其他人都言听计从，非常配合。

其实这些学生已然形成了自己的一个小圈子、小团体，这就是"非正式群体"（informal group）。所谓的非正式群体是人们在相互交往中自然形成的一种无形的组织，不同于班级、团委或企业，它是未经任何权力机构承认或批准的非正式联合体。在正式群体中，由于人们社会交往的特殊需要，依照好恶感、心理相容与不相容等情感性关系，就会出现非正式群体。这种群体没有定员编制，没有固定的条文规范，因而，往往不具有固定的形式。

这一概念源于由美国国家研究委员会赞助，1924 年至 1932 年间，在位于芝加哥郊外的西方电气公司的霍桑工厂进行的著名的霍桑实验（hawthorne experiment）。在非正式群体中，人们之间共同的情感和态度把他们联系在一起，他们的领袖人物是自发产生的，但对于其成员来说，这些领袖却往往比正式组织的领导人具有更大的影响力。而且在这些非正式组织中还自发形成了一些共同遵守的准则来约束群体成员的行为。

因此我们可以看到，这些学生一定有着某种相似之处，共同的价值标准把他们联系在一起形成了自己的小团体，他们的准则就是保持一致：一起捣乱、一起不遵守纪律，但产生这些行为的原因可能是多方面的，比如引起老师的关注、无心学习等。所谓"擒贼先擒王"，老师若要"管教"这些孩子，不妨从他们中的领袖人物入手，抓住他的心理需求，从而采取相应的措施。这样一来，只要这个小头目的行为发生了改变，其他的学生也就跟着变了。

142 为什么权力并非越大越好？

希腊神话里有这么一个故事：

有一位叫弥达斯的国王，对狄俄尼索斯（希腊神话中的酒神）的老师西勒诺斯非常好。为了报答这份恩情，狄俄尼索斯答应满足国王弥达斯提出的任何要求。弥达斯向狄俄尼索斯求得点石成金之术，于是他所碰到的任何东西都会变成金子。一开始他非常高兴，为自己获得的权力而兴奋，然而，当他接触过的所有东西包括食物都变成了金子时，他感到了深切的痛苦，只好恳求狄俄尼索斯解除这个法术。通过这次经历，弥达斯国王终于得到了教训——权力不总是能带来好的结果。

　　1971 年夏天，心理学教授菲利普·津巴多在美国斯坦福大学进行了一项震惊世界的心理学实验。他采取现场研究的方法，和同事在大学地下室搭建了一个模拟监狱，并相应地设置了监狱看守和囚犯的角色。当时，有超过 100 个人申请参加这个持续两周的实验。津巴多给报名者做了大量的心理学测验以确保精心挑选出的 24 人都是正常且聪明的，从而将他们作为中产阶级男性青年代表。参与者或扮演看守或扮演囚犯，是随机分配的。那些犯人身穿囚衣，戴着手铐；看守穿着卡其色的制服，配备棍棒、口哨和墨镜。犯人被身着制服的警察逮捕，进行登记，然后移交到建于斯坦福大学心理学院大楼地下室的模拟监狱中。模拟情境和真实的监狱一样有着带钢条的门，对于探监的时间也有着严格的控制。看守只是被简单地告知要维持好监狱的秩序。

　　然而这场看似简单的模拟却在 6 天之后就不得不宣告终止，因为看守对待囚犯的方式已经极具侵犯性，非常不人道，这远远超出了实验者的预期。看守看起来非常乐意想出新的方法来侮辱囚犯。权力已经使得这些正常、聪明、年轻的中产阶级男性用意想不到的消极方式来对待他们的同学。甚至连设计实验的津巴多本人也是在一个前来参观的哈佛大学教授的提醒下才清醒过来，终止了这项残忍的实验。

　　从这个实验我们发现，参与这个实验的所有人，都深深陷入自己所扮演的角色无法自拔，不管是虐待者还是受虐者，甚至于主持实验的教授也陷入其中，成了维持他那个监狱秩序的法官形象。事后访问了那些扮演看守的人，他们很多人也对自己那些不人道的行径和虐待囚犯的想法感到惊讶。可见，权力越大往往越容易使人迷失自我，暴露出人性中的阴暗面。

143　为什么人们常常做不到言行一致？

"口言之，身必行之"、"言必信，行必果"……古训常常教导我们言出必行。一般而言，我们都认为自己是能做到言行一致的，如果言行不一致就会被认为是说了谎话，遭遇信任危机，带来许多消极的后果。但是许下的承诺真要实实在在地履行起来时却往往特别困难，有时甚至无意中就背道而驰了。这到底是怎么一回事呢？

有心理学研究者曾做过这样一个实验：他们选择了几处人流较多的十字路口作为观察点，并躲在离红绿灯 100 米左右的隐秘地带观察行人闯红灯的情况。然后他们随机选取了若干闯红灯的行人让他们填写态度调查问卷，问卷总共有 6 个题目，其中只有 1 题是关于对闯红灯态度的调查，其他 5 题则是为了掩盖实验者的真实目的。结果出乎实验者的预料，有超过 7 成的被试选择了不赞成闯红灯的行为，而有一部分被试可能猜到了实验的真实目的而放弃回答这一问题（其他 5 题均作答）。在这个心理学小实验中大多数人在闯红灯问题上言行并不一致。

心理学家拉皮尔（Richard Tracy LaPiere，1899—1986）做过一个经典的现场研究，对态度与行为之间协调一致的关系提出了挑战。20 世纪 30 年代的美国，种族歧视的现象非常普遍，对有色人种的歧视尤为严重。拉皮尔和他的中国朋友两次开车沿太平洋海岸线周游美国，其间共住过 67 家旅舍、汽车旅馆和"旅行者之家"，在 184 家饭店和咖啡馆用餐。拉皮尔一直就旅馆接待员、男侍者、开电梯的工作人员以及女服务员对中国夫妇的态度与行为进行准确而详细的记录。为了防止因自己的出现使这些人的反应有所改变，拉皮尔经常让中国夫妇订房间、买食宿用品，而他自己则负责照看行李，并且总让他们先进入餐馆。6 个月之后，预计中国夫妇访问的影响已经大致消退，拉皮尔给所有他们到过的地方寄了一份问卷，主要问题是："你愿意在自己的旅馆或餐厅接待中国客人吗？"为了进一步确保问卷的回答没有直接受到中国夫妇访问的影响，拉皮尔同时让同一地区的另外32家旅馆和96家餐馆对同样的问卷作出回答。

实验结果显示，在251个他们曾光顾过的旅馆或餐馆中，他们只受到过1例由于他的这对同伴是异族所带来的冷遇。除此之外，他们在其他地方都受到了中等或中等以上的待遇，尽管有时待遇有变化，也是因为人们对中国夫妇的"好奇心"所致。然而，6个月后问卷的结果却显示，90%接待过他们的旅馆和餐馆都回答他们将不会接待外国人。另外，那些他们未到过的地区的问卷基本上也给予了同样的回答。可见，餐馆、旅馆的主人们对此问题的行为与态度发生了明显的分离。

这个实验说明，即使有的时候我们没有刻意说谎，我们的言行也常常会表现出不一致。一方面，言与行有抽象和具体之分，其实很难将两者真正对应起来；另一方面，这与情境也有很大的关系，比如一个并不抽烟的人，身处于某次聚会场合，在大家都抽烟的情况下，他也可能会抽烟。

144 越害怕越容易改变态度吗？

不管你相不相信，态度的改变和心情的确有着密切的关系。在态度的改变过程中心理学家发现存在一种"好心情效应"，即当信息与好心情联系在一起的时候，它们会具有更强的说服力。同时，宣传也可以通过唤起人们内心的恐惧感或焦虑感等来达到目的。

那么越恐惧越容易改变态度吗？一位心理学家在实验中设置了两个实验组，一个是引起高度恐惧组，另一个是引起中度恐惧组。给高度恐惧组被试看一部彩色科教片，其内容介绍了一个抽烟厉害的人得了肺癌而接受手术的过程，让被试看到患者被打开了的胸腔中糜烂的肺；而给中度恐惧组被试看这一电影时，上述镜头已剪去，被试只看到患者肺部 X 光片及医生的口头介绍。然后比较两组被试对抽烟态度改变的情况，结果显示，前者态度改变的人数少于后者，比例是36.4%与68.8%。

由上述实验我们可以看出恐怖的宣传由低等到中等程度时，人们态度的变化也逐渐增大；但恐怖宣传一旦过强之后，情况将会适得其反，人们或是回避信息的摄取，或是持抗拒态度。所以在引起人们情绪体验的同时还要注意情绪唤起的程度，以免说服对象产生抵触行为。如果需要人们立即转变态度采取行动的话，则宣传应当引起较强烈的恐惧心理，使这种恐惧心理转化为一种动机力量，以激发人们迅速改变；如果要求过一段时间改变态度，则不要过分强调危险，因为恐惧心理会随时间的推移而逐渐消失，而人们的理智却是清醒的，而且它会逐渐占上风，认识到应该重视这种危险，转变原来的态度。

145　为什么小孩子会"人来疯"？

为什么幼儿在家里不爱吃饭，到了幼儿园就会和同伴们抢着吃？为什么有些高水平运动员只有在和强劲对手同场竞技的情况下才会创造好成绩？为什么演唱会上观众的热情，会让歌手超水平发挥？为什么有其他人来观看演出，会让唱歌跳舞的幼儿表演得更起劲？这些都是"社会促进"在发挥作用。

社会促进（social facilitation），也称社会助长，它指的是个人的活动由于有其他人同时参加或者有其他人在场旁观而使其活动效率提高。最早揭示社会促进现象的是心理学家特里普利特。他让被试在3 种情境下骑自行车行 25 英里，并记录其所耗的时间。一是单独骑；

二是骑的过程中有一个人跑步陪同；三是与其他人一起骑。结果显示大家一起骑的时候用时最短，有人跑步陪同次之，单独骑车耗时最久。他又在实验室条件下，让被试完成计数和跳跃等项目，得到了同样的结果。这些实验说明，人们结伴活动时，会感受到一种刺激，从而提高活动效率，这在社会心理学上叫作"结伴效应"，即由于结伴行动而使活动效率提高。同时，他人在场，即使不参加同样的活动，只是作为观众，也会促进个体活动的效率，这在社会心理学上称为"观众效应"，即有人在场观看而使活动效率提高。

社会促进效应不仅会发生在人身上，也会发生在动物身上，当有同类在场时，小鸡会吃更多的谷物，蚂蚁还会挖出更多的沙子。

146 为什么一个平时说话流畅的人临场会结巴？

你是否遇到过这种情况：老师布置了背诵作业，自己练习时背得十分流利，然而当老师请你当着全班同学的面背诵时，你却背得结结巴巴？在考场上，本来自己答卷很顺利，然而监考老师一站在你旁边看你答卷，你马上觉得局促不安，头脑似乎不能思考了？

其实，他人在场并不总会提高个人的效率，有时也会出现相反的效果，即"社会抑制"（social inhibition）或称"社会干扰"。社会抑制是指当个人的活动由于有其他人同时参加或者有其他人在场旁观而使其活动效率降低的现象。心理学家皮森的研究发现，有一个旁观者在场，将会减低个体有关记忆性工作的效率，比如前面提到的背诵作业的情况。

那么，到底什么时候会出现社会抑制，什么情况又会出现社会促进呢？这主要和任务的性质或者难度有关。对于那些简单的或个体已经熟练到可以不假思索就能表现出来的行为，他人在场会促进个体的表现和发挥。因为他人在场是一种干扰，必定会分散个人的注意力，而简单的任务不需要全部的注意，为了补偿干扰，人们会更加努力，使任务效果更好。但是，对过于复杂的、个体还很生疏的行为，他人在场就会抑制个体的发挥了。因为对于生疏或复杂的任务，必须把注意力高度集中在任务上，而他人在场，又表现出对自己任务完成情况的关注与评价，这势必造成自己注意力的分散和转移，发生自我注意转移，担心结果，这样就影响了任务的正常进行。就像蚂蚁掘沙对它们而言是比较简单的工作，所以当有同类在场时，它们感受到了竞争的压力，行为也因此被大大地助长了。而背课文和记忆英语单词等，对我们来说是较为枯燥和需要脑力的，所以当有人在场时，就增加了我们"没有把握"的感觉，由此引发了我们的紧张和焦虑，更使我们记不住。

147 为什么"三个和尚没水喝"？

当你还是个小孩子的时候，也许就已经听过"一个和尚挑水喝，两个和尚抬水喝，三个和尚没水喝"的故事，甚至还在电视上看过相关的动画片。那时的你一定被这三个和尚的言行逗得哈哈大笑。但你想过吗，为什么人多了，大家的效率反而降低了呢？不是人多力量大吗？现在的你能够解释一下吗？

我们还是来看一个心理学实验吧。心理学家达谢尔提出了一个问题："10个人一队的拔河比赛中，每个队员所出的力气与他们独自一人参加拔河比赛时所出的力气相同吗？"结果发现，如果一个人独自参加拔河比赛，平均用力63公斤；如果是两个人，平均59公斤；3个人为53.3公斤；8个人为31公斤。即参加的人越多，每个人贡献的平均拉力越小。这就是"社会惰化"现象。

社会惰化（social loafing）是指当个体参加群体活动，其绩效不能被单独评估时，往往比单独一个人完成任务时努力程度小一些。许多实验也都证明了这个现象的存在，例如，让一组男生在特定时间内尽量地高声鼓掌欢呼，并假装告诉他们实验的目的是为了测查在公共场所中，人们所能制造的最大噪声。实验小组的人数不同，分别有2、4、6人。最后的结果显示，虽然随着人数的增加噪声会越来越大，但是每个人发出的声音却都在降低。证明了群体的人数越多，个人付出的努力越少，就像班里组织劳动，总有些学生"搭便车"偷懒一样。

那么社会惰化和哪些因素有关呢？一是个体认为自身努力对成功完成群体任务的重要性和必要性的大小；二是个体认为群体成功的价值大小。而研究者也发现社会惰化效应会在以下情况中变弱：（1）群体规模较小；（2）任务很有价值或很重要；（3）与喜欢的成员（朋友或队友）合作；（4）认为自身的贡献在群体中是重要和不可取代的；（5）预计同伴的表现不会太好。

148　为什么会发生暴力群体性事件？

你听说过"红衫军"吗？它又称反独裁民主联盟，代表泰国的农民和下层民众的利益，是泰国国内一支强大的反政府力量。在2010年震惊世界的曼谷事件中，红衫军数千名示威者先后逼停东盟领导人系列峰会，冲击泰国国会，与泰国军队在曼谷市中心的道路上发生严重暴力冲突。枪声、爆炸声，燃烧的汽车，盘旋的直升机，如同战场一样。为期69天的红衫军曼谷街头示威，最终以政府武力清场、红衫军首领宣布投降，画上了一个并不完美的句号。

如果你关注新闻，就一定不难发现，世界范围内群体性事件参与者的行为方式正变得越来越激烈，或者说暴力化倾向越来越明显，这也是当前学术界和主流媒体都较为认可的观点。对一起具体的群体性事件来说，参与者可能会采取一种或者多种行为方式。我们按照一般意义上理解的暴力定义来衡量这些行为方式，集体上访、静坐、游行、非法集会以及罢工、罢市、罢课尽管可能演化为暴力事件，但这种行为方式本身与暴力行为的关联度不高；堵塞交通、冲击政府及有关部门设立的警戒线、殴打政府或对立方有关人员、自残行为、打砸抢烧行为则属于暴力行为或与暴力行为密切相关。假若将群体性事件中参与者的暴力行为进行分类，一般来说属于集体暴力。

有研究者用"群体极化"（group polarization）的理论对暴力群体性事件作出了解释，认为这些行动不是突然爆发的，而是拥有相同不满情绪的人们走到一起而产生的。他们脱离了能令自己的不满情绪缓和下来的影响，彼此之间相互交流，逐渐变得更加极端。社会放大器将不满的信号变得更为强烈，从而表现出了在远离暴力群体时不会做出的暴力行为。

那么群体为什么会发生这种极端性转移呢？目前有以下几种意见：

责任分散。群体决策若出现了问题，应当由群体来承担，而不会把责任归于个人。即使责任落到个人身上，也会由于大家的共同分担而变小。因此，这就减少了个人的责任感，降低了个人对不利后果的惧怕，从而导致了人们冒险的或保守的策略。

群体偏向。有人认为，到底是冒险还是保守，这取决于群体讨论开始时多数人的偏向。如果多数人一开始就偏向于冒险的决定，那么整个群体就会向冒险转移，反之则向保守转移。由于大多数人的意见对少数人产生了压力，为获得群体的认同，少数人遵从了多数人，这样就助长了多数人的意见，使群体产生了极端性转移。

强调社会比较和自我展示的过程。这是指个体关注自己的观点，并与群体其他人员进行比较。在讨论中，个体希望被赞赏，期望比别人更出类拔萃。被评价为自信或者勇敢的愿望使得个体趋向于比组织其他成员更加极端。

文化价值。即一个社会的文化如果赞扬冒险，就会造成人们羡慕并愿意冒险的倾向。因此，在群体决策时，人们就会把冒险作为一种规范来应用，积极向冒险转移；而如果一个社会的文化高度评价小心谨慎，那么群体决策就会出现保守倾向。这种观点认为，极端性转移不是真正的群体现象，而是一种社会现象，受社会文化的影响。

149　为什么证词不一定可靠？

也许是受影视剧的影响，我们常常认为一件有分歧的事，或者一个悬而未决的案件，一旦出现关键性的证人，那真相肯定会水落石出。因为在人们的认识中，证人能够把自己亲眼看到、亲耳听到的东西如实讲出来，是能够提供一些客观证据的人。然而长期以来，一些研究者始终在质疑证人证词的可靠性。那么，证人的"所见所闻"到底是否真实呢？

有这么一则新闻，说的是一名美国青年莫名其妙地被指控为强奸犯而入狱，11年后才凭借基因检测洗清了冤屈，证明目击者当年辨认罪犯时"看走了眼"。事实上，这并非个案。心理学研究证明，很多证人提供的证词都不太准确，或者说是具有个人倾向性，带着个人的观点和意识。

那么大家可能会问，证人对证词的自信程度是否和可信度成正比呢？有心理学家对此进行了实验。他们让被试看一个简短的录像，内容是关于一个女孩被绑架的案件。第二天，让被试回答一些有关录像内容的问题，并要求他们说出对自己答案的信心程度，然后做再认记忆测验。接下来，使用同样的方法，内容是从百科全书和通俗读物中选出的一般知识。研究结果表明，在证人回忆的精确性上，那些对自己的回答信心十足的人实际上并不比那些没信心的人回答得更准确；而在一般知识上，信心高的人的回忆成绩的确要比信心不足的人好得多。

为什么证人的证词会出现偏差呢？因为人的记忆存在缺陷和误差，而证人所目击的震惊事件往往会在心理上产生重大冲击，从而损害对该事件发生之前的细节性记忆。所以说，证人提供证词时具有主观倾向性，因此，证人的誓言也无法保证证词的准确性。这一心理现象提示我们，对一个事物作出判断前需要多方取证、全面分析，切不可武断行事。

150 为什么身教大于言传？

人们常说"父母是孩子的第一任老师"。我们的行为很多就是通过后天的观察学习形成的，一方面依靠家长的言语来建立，即言传；另一方面则通过模仿家长的行为来建立，即身教。父母的一言一行，都会在孩子幼小的心灵中留下很深的烙印。若言传和身教非要比出个孰轻孰重，到底哪个影响更大呢？

伦敦大学的教授们就做了这么一个关于言传身教的实验。参加实验的是几十对父子，研究者将他们随机分成了两个小组。第一组中，父亲手拿苹果，郑重其事地对孩子说："这个苹果一点也不甜，还有点酸涩，你不要吃。"说完，父亲就头也不回地离开了房间。统计结果显示，有63%的孩子在父亲离开后，没有吃苹果，37%的孩子忍不住吃了苹果。另一组中，父亲手拿苹果，郑重其事地对孩子说："这个苹果一点也不甜，还有点酸涩，你不要吃。"说完，父亲吃了一口，摇摇头，离开了房间。结果显示，这个小组中，在平均不到5秒钟的时间内，95%的孩子都忍不住咬了苹果，只有5%的孩子没有吃苹果。这就是著名的"红苹果效应"。

　　红苹果效应是指儿童的行为可以依靠长辈的语言来建立，但更大程度上是模仿他人的行为并不断地操作形成的，也就是说，言传有一定的作用，但相对于言传来说，身教的感染力更大。

　　因此，在教育孩子的时候，家长和老师应该注意保持言行一致，不要仅凭口头指导，更应该以身作则，成为孩子的好榜样。如果希望孩子是孝顺的，那么家长本身就应该孝顺自己的长辈，这样不需要过多的言语，孩子就会潜移默化地受到影响；如果希望孩子是有责任感的，那么家长就应该主动承担责任，这样孩子就知道需要为自己的言行负责。而如果大人们说一套，做一套，那么孩子就会很迷茫，不知道什么才是正确的，还可能无意间强化了孩子的错误行为。

151 你是喜欢竞争还是喜欢合作？

战国时七国争霸，齐、楚、燕、韩、赵、魏等六国采取了联合对抗强秦的做法，谓之"合纵"；秦国则执行分化六国、个个击破使之服从秦国的策略，谓之"连横"，故有"纵横捭阖"之说。《三国演义》第一回便用"分久必合，合久必分"说尽了天下大势。而在我们的日常生活中，合作和竞争也都是常见的，比如几个同学分工打扫教室，就属于合作行为；而大家在运动会上你追我赶，拼尽全力争夺第一名，就是一种竞争行为。那么我们到底更喜欢竞争还是更喜欢合作呢？

美国的社会心理学家莫顿·道奇（Morton Deutsch，1920—　）曾做过一个有趣的实验。他让被试两人一组，分别模拟充当甲、乙两家运输公司的经理。两人的任务都是使自己的车辆以最快速度从起点通向终点，速度越快赚钱越多，而最后的评价标准就是看谁赚的钱多。他们每人都有两条路线可选，一条是各自专用但较远的通道；一条近道，是两人共用的，但路很窄，每次只能通行一辆车。十分明显，轮流走近路比走远路耗时短，所以为了多赚钱双方应该采取合作的策略，轮流走近路，也就是说合作才是上策。然而实验的结果表明，双方都力图抢先通过，狭路相逢，谁也不肯让步。

其实在合作或竞争策略的选择上，是受很多因素制约的。

奖励结构的影响。当一个人的获得意味着另一个人的损失时，就形成了一个竞争性的奖励结构。比如在奥运会的赛场上，只有一个人可以获得金牌，在这种情境中要想取得胜利就必须选择竞争。与之相对的，需要通过合作才能取得胜利，就应当选择合作。

信息交流是否通畅。因为信息交流提供了相互了解对方行为意图的可能性，各自说明打算做什么，怎么做，解释自己的行为动机，就使对方减少了判断错误；同时也有助于增进友好感情，增加相互信任，这对于促进双方的合作是极其有益的。

当然，个性特征也会影响策略选择。好胜的人倾向于在各种活动中与别人竞争，富有自制力的人较易与别人合作，而多疑的人则往往难以与别人形成合作关系。

152　为什么绰号会对我们产生影响？

你喜欢给别人起绰号吗？你有绰号吗？这些绰号分别代表了什么意思？其实，很多人一生中多多少少会有过一些绰号，有些绰号可能是比较亲切可爱的昵称，而有些绰号则像是某种标签，标定了我们的一些或优秀或不足的特质，比如一个吝啬的人可能会被叫作"葛朗台"，而一个人如果鬼点子很多则可能被大家称为"智多星"。这些绰号也许叫者无意，但是你知道吗，时间久了，这些"标签"却会对听者，也就是被取绰号的对象产生重大的影响呢。

心理学家克劳特在 1937 年曾做过这样一个实验：他要求一群参与者对慈善事业作点贡献，然后根据他们是否有捐献，给其中一部分被试标上"慈善的人"和"不慈善的人"的标签；而另一些被试则没有添加这样的标签。过了一段时间后，研究者再次要求这些人做捐献时，发现那些第一次捐了钱并被说成是"慈善的人"的被试，要比那些没有被标签过的人捐献的数目要多；而那些第一次没有捐钱被说成是"不慈善的人"的被试，比那些没有被标签过的人捐献得要少。

这个实验告诉我们，当一个人被一种词语、名称贴上标签时，他自己就会做出印象管理，使自己的行为与所贴的标签内容相一致。这种现象是由于贴上标签后发生的，所以称之为"标签效应"（labelling effect）。由此我们可以推测，那些被大家称为"葛朗台"的人，在以后会表现得更加吝啬，而那些被大家称为"智多星"的人则可能会表现得更足智多谋。当然，有时候消极的绰号却可能产生积极的效果，因为被下定义的人觉得这样的标签并不公平，所以会为了揭掉这个标签而做出相反的行为。比如那个被叫作"葛朗台"的人也有可能在之后的生活中表现得慷慨大方。绰号对人产生影响的结果虽然是因人而异的，但是不可否认，绰号这种形式的标签可能会对人造成巨大的影响。特别当这个标签是由权威给出的，比如老师，或者同伴中比较有威信的个体，那么这种影响会更加明显。

153　流言是怎么来的？

你亲身经历过 2003 年的那场"非典"吗？当时一些群众不知道从哪个渠道听说服用板蓝根可以有效预防"非典"，于是疯狂地前往各大药店、医院购买，而其他民众听说了这则消息后也纷纷效仿，从而导致一些地区的板蓝根严重脱销。然而，中医专家指出，虽然临床显示板蓝根在防治风热型感冒和病毒性肝炎等疾病上有一定作用，但对风寒型等其他类型感冒不一定适合，对"非典"是否有预防作用也并无明显证据。原来，板蓝根脱销是流言所致。

我们也许每天都在接收或者传播着流言，但是你知道流言到底是怎么来的呢？我们先来看一个实验。

1946 年，心理学家高尔顿·威拉德·奥尔波特（Gordon Willard Allport，1897—1967）和利奥·波特曼（Leo Postman，1918—2004）在美国进行了一项有趣的实验。他们在观众中挑出 6—7 个人作为被试，请他们离开房间。当被试离开后，实验者在一个大屏幕上向观众们展示某一情境的幻灯片。实验者请第一个被试返回该房间，让他坐在一个看不见屏幕的位置上，随后由一名选定的观众向他描述幻灯片上的 20 个细节。然后，第二位被试进入房间，实验者让其挨着第一位被试坐下，由第一位被试向他复述自己听到的描述，然后由第二位被试把这个描述再向第三位被试转述。依次类推，当最后一名实验对象复述他所听到的描述时，通常会引起全场观众的哄堂大笑，因为虽然只是由六七个人组成的传播链，最终的内容却已经与原始描述相差甚远，大量的细节被省略掉了，最后平均剩下 5 个细节。

看了这个实验你一定觉得非常熟悉，这不就是我们玩的传话游戏嘛！在游戏中我们总是发现，最后一个人说出的内容和最初给予的内容之间有着很大的差异，有的时候甚至毫不相干。流言的传播也是如此，所谓流言，是指找不出任何信得过的确切依据，却在人们之间相互传播的一种特定的消息。最初的信息在经过数十甚至数百人的转述后，内容已经改头换面，"歪曲"了事实的原貌，而这种"歪曲"实际上是心理现象，贯穿于人类的记忆和描述过程。流言对事实的"歪曲"，大致分为 3 种模式：一是简化，流言中省略了大量有助于了解事实真相的细节；二是强化，当一些细节被删去后，那些保留下来的细节就更为突出和重要；三是同化。简化和强化不会随便产生，而只会在与流言传播者过去的经验和现在的态度一致的情况下产生。并且事实真相越是模糊，涉及的问题越为人们所关注，产生流言的概率也就越大。在现今这个网络发达的时代，借用各种新型的媒介更容易促成流言的生成与传播。

154 为什么说挫折教育要适度？

观看马戏团的精彩表演时，我们常常会注意到马戏团的大象被一根很细的绳子拴着，乖乖地待在原地。你是否会有这样的疑问：为什么它不试图挣脱？试想，凭它的力气挣脱这根绳子是不成问题的。是马戏团的生活太舒适了，才使得大象甘愿放弃自由吗？当然不是，这是因为大象在漫长的训练过程中，不仅习得了与人的互动、表演的技巧，还习得了一种无助感。

"习得性无助"（learned helplessness）是指人或动物接连不断地受到挫折，便会感到自己对于一切都无能为力，从而丧失了信心，陷入一种无助的心理状态。

1967 年，美国心理学家马丁·塞利格曼以狗为对象做了一组实验。他把一条狗关进一个笼子里，锁住笼门使狗无法轻易从笼子里逃出来。而笼子里装有电击装置，通过这一装置给狗施加电击，电击的强度刚好能够引起狗的痛苦，但不会使狗毙命或受伤。接着只要蜂鸣器一响，就给这只狗施以难受的电击，一开始狗会拼命地挣扎，但多次实验后，它挣扎的强度就逐渐降低了。之后，实验者将这只狗放进另一个笼子，这个笼子中间用隔板隔开，隔板的高度是狗可以轻易跳过去的。隔板的一边有电击，另一边没有电击。然而在实验开始后，只要蜂鸣器一响，这只狗只是绝望地忍受着电击的痛苦，根本不去尝试有无逃脱的可能。

如果孩子从小就形成了这样一种习得性无助的心理与行为表现，他们又将从中受到哪些影响呢？研究者指出这将不利于他们的健康成长。习得性无助的孩子会表现出低成就动机，在他们的心中，对于失败的恐惧要远远大于对成功的渴望；而且会产生较低的自我概念，容易陷入自卑、自我失控等自我意识的误区，与他人相处时往往会认为自己不受欢迎，这使得他们与同伴的关系日渐疏远；另外，他们还会产生低自我效能感，消极定势，认为自己不行、永远是个失败者等。

一些家长和老师在教育孩子的时候，因为担心对孩子太过溺爱而故意创设一定的困难情境来锻炼他们的能力，这一初衷是好的，但是这种挫折教育必须适度。严厉地批评，不断将自己的孩子和那些优秀的人比较，甚至拒绝孩子所有与学习无关的需求，都极有可能让孩子获得习得性无助。一两次的挫折可能不会产生严重的后果，但是反复体验这类情境就会使孩子丧失对生活的热情，自我否定。

155 推销员所站的位置会影响顾客的购买决定吗？

面对推销时，哪些因素会影响我们的购买决定呢？你可能会说：当时的心情，商品的实用价值……但是你相信吗，推销员的站位也是一个重要的影响因素哦。心理学家的一项研究表明，推销员在面对顾客推销商品时，如果身处顾客的左侧，所取得的订单数要远远大于他们身处顾客右边时的成交量。这是为什么呢？你一定不知道原来我们左右侧的视野会替我们进行选择。

加拿大安大略教育研究所的约翰·克什纳博士开展了一项针对教师的实验研究。在 15 分钟内，每隔 30 秒记录一次各位教师的目光指向。结果他发现，教师们几乎都忽略了位于其右侧的学生。记录的数据显示，教师们 44% 的时间里都保持着直视的目光，在剩下的 56% 的时间里，向左看的时间比例达到了 39%，因此老师们留给右侧学生的时间就只占到了总时间的 17%。除此之外，研究者还发现，坐在老师左侧的学生不仅在拼写测试中取得的成绩要好于右侧的学生，而且在上课时恶作剧的次数也比右侧的学生少。

可是，我们为什么会更喜欢看左侧视野的东西呢？因为相比于左半球大脑，右半球大脑在感知言语、言语中反映情绪的语调变化、他人情绪表达的信息、空间关系等方面具有优势；根据左右交叉的原理，右半球大脑掌管的是左耳、左侧视野捕捉到的信息，我们的左侧偏好便是由此而来。

根据这些研究结果，你不妨可以尝试一下：在对外交往，或在公众场合表达自己观点的时候，如果有意识地置身于对方的左侧，是否更容易引起对方的注意，可以收到更好的效果？

156　为什么"新官上任三把火"？

中国有句俗语叫"新官上任三把火"，说的是新上任的官员，一开始往往要先做两三件于百姓有益之事，以表现自己的才干和改革时政的决心。这句话后来多用于贬义，指"三把火"过后一切如旧。但在很多情况下，即使这个上任的官员在"三把火"之后继续做了好事、实事，我们也很少会有之前"三把火"那样明显的感受。由此我们想起 1984 年中央电视台春节联欢晚会上陈佩斯、朱时茂表演的小品《吃面》。饥肠辘辘的陈佩斯在吃第一碗面条时，觉得鲜美无比，不禁眉开眼笑；第二碗、第三碗面条下肚，味道虽还是那个味道，带来的愉悦感却不及之前那么强烈了；再面对非得要接着吃下去的第四、第五碗时，陈佩斯已难以下咽而涕泪涟涟。为什么做同样的事情，随着次数的增加，所带来的心理满足感会渐渐下降呢？这就要说到"边际效应"了。

边际效应（marginal utility），有时也称为边际贡献，它最初作为经济学领域的研究内容，是由霍曼斯提出来的，学术上往往把它生动地描述为，某人在近期内重复获得相同报酬的次数越多，那么，这一报酬的追加部分对他的价值就越小。也就是说，如果将个体从一组商品和服务中获得的满足程度用"效用"来表示，那么消费者在逐次增加一个单位消费品（图中以 Q 表示）的时候，带来的单位效用却在逐渐递减，即便消费品带来的总效用（图中以 TU 表示）仍然是增加的。

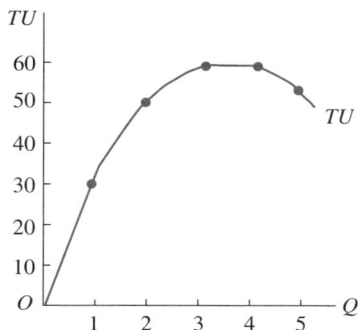

在日常生活中也是如此，比如你口渴的时候，喝第一杯水会觉得特别畅快，特别爽，但是随着口渴度的下降，你继续喝下去的畅快感受就逐渐减低，甚至最终反而会感到不适。同样我们向往某事物时，情绪投入越多，第一次接触到此事物时情感体验也越为强烈，但是，第二次接触时，这种情感体验就会淡化一些，第三次就要比第二次的体验更淡……随着这个趋势发展下去，我们接触该事物的次数越多，我们的情感体验也越为淡漠，最后会变得乏味甚至产生负向的情感。老师和家长在教育孩子的时候有时也会出现这样的情况，一开始采取某种形式的教育会产生比较好的效果，随着强度的提高，效果也会随之增强，但投入和效果的产出总会达到一个饱和点，过了这个饱和点之后再继续增加投入、提高强度则反而可能会产生副作用。

157 为什么现代人常会有一种紧张感？

随着当代科技的飞速进步和信息量的日益扩大，在城市生活的人们总是会有一种紧张感。就拿人们走路的速度来说吧，英国最新的一项研究发现，世界各地城市人口走路的速度比 10 年前平均加快了 10%。通常我们都认为这是由于都市快节奏的生活方式带来的，但其实除此之外还存在别的原因。

我们先来看一个实验。

法国心理学家齐加尼克曾做过一项颇有意义的实验，他将一批学生随机分为实验组和控制组，让他们去完成 20 项工作。在实验过程中，齐加尼克对实验组的学生采取了某种干预措施，让他们无法继续工作使得任务未能完成，而对控制组的学生则让他们顺利完成全部工作。实验结果显示，虽然所有受试者接受任务时都显现一种紧张状态，但控制组中的学生顺利完成任务后，紧张状态随之消失，而未能完成任务的实验组的学生，则紧张状态持续存在。在实验实施一段时间之后，采访那些参与实验的学生，发现控制组的学生对于任务的记忆比较模糊，而实验组几乎所有的学生对于任务的记忆都很清晰。可见，这段时间他们的思绪总是被那些未能完成的工作所困扰，心理上的紧张压力难以消失，这就是"齐加尼克效应"。

一个人在接受一项工作时，就会产生一定的紧张心理，只有任务完成，紧张才会解除。如果任务没有完成，则紧张持续不变。如今的社会，科技的发展使得人工智能代替了很多人力劳动，工作的形式也多以脑力劳动为主，而这些工作并非短时间可以完成。很多人在 8 小时工作以外的时间，由于未完成的工作总是萦绕在心头，难以释怀，所以紧张的状态持续不退。而在学校学习的学生，特别是初三、高三这种面临重要考试的毕业班学生，由于在考试真正进行之前，学习都处于并不算完结的状态，所以紧张感也会一直存在，放心不下。有些深受"齐加尼克效应"影响的学生，甚至夜不能寐，经常失眠，致使白天学习效率降低，反而使得考试的结果不尽如人意。

158 为什么大家的观点会左右你的看法？

走在大街上，如果前面有一群人都停下来朝高处看，你会像他们一样，也停下脚步，抬头观察一下吗？如果班里组织春游，别的同学都想去 A 地，你是否会和大多数同学保持一致，同意去 A 地呢？事实上，大多数人都会用行动对这些问题作出肯定的回答。而这些现象都说明了个人在群体中时常表现出的一种心态——"从众"。

从众（conformity）是指个人在社会群体压力下，会放弃自己的意见，转变原有的态度，采取与大多数人一致的行为。首先我们来看一个经典的心理学从众实验——阿希实验。

实验中有 7 名被试，其中 6 人为事先安排好的"托"，只有一人是真被试。实验者每次向大家出示两张卡片，其中一张画有标准线 X，另一张画有三条直线 A、B、C。X 的长度明显地与 A、B、C 三条直线中的一条等长。实验者要求被试判断 X 线与 A、B、C 三条线中哪一条线等长。

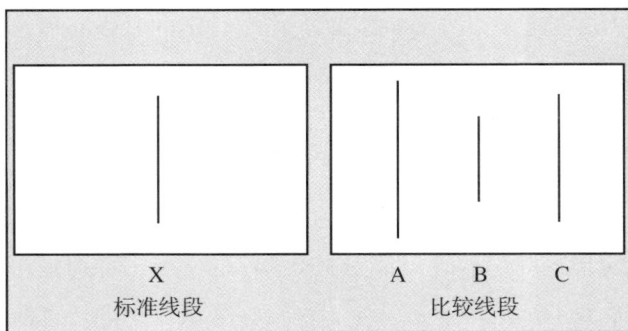

X	A B C
标准线段	比较线段

卡片共出现 18 次，实验者规定的顺序总是把真被试安排在最后。前 6 次测试，大家都说出正确的答案，从第 7 次开始，6 名"托"按

事先要求故意说错，结果 1/3 的情况下真正的被试都选择了顺从大多数人的意见，75％ 的被试至少会顺从一次。

那么从众是好还是不好呢？其实从众本身是一个中性词，而从众行为可能是积极的，也可能是消极的。例如处于有着良好社会规范环境中的个人，也会出于从众的心理而约束自己的言行，做到与他人的行为一致。比如有序排队的人群中较少有插队的现象；在人人爱护环境的场合中，很少有人会随地扔垃圾。类似这种符合社会道德、促成积极有益的从众行为的情况是我们需要坚持的。而从众的消极影响则可能会让个体在人群中失去自己明确的观点和正确的立场，青少年中会因此产生不良群体，社会上也会因此存在不良风气。

159 在什么样的群体中更容易从众？

有些人在几个朋友面前，可以侃侃而谈，发表自己的观点和意见，但如果当着全班同学的面，特别是有老师在的情况下，就会很小心，愿意跟着大家的意见"跑"。你是这样的人吗，你曾好奇过自己为什么会作出不同的反应吗？下面就让我们从群体的角度来解释一下从众的原因吧。

从众行为与群体规模密切相关。不难理解，群体规模越大，赞成某一观点或采取某一行为的人数越多，则群体对个人的压力就越大，在这样的情况下，我们很容易发生从众行为。反之，群体规模小，我们感受到的心理压力较小，则容易产生抵制行为。比如，我们要去饭店吃饭，面对两家同样陌生的店，我们多半会选择人多的一家，相信大家都是因为这家的东西更好吃才选择这里。

当然，群体凝聚力也会对个体的从众心理产生影响。群体的凝聚力越强，群体成员之间的依恋性、意见的一致性以及对群体规范的从众倾向就越强烈，个体越有可能为了群体的利益而放弃个人的意见，与群体的意见保持一致。

最后，还要谈谈个人在群体中地位的影响。正所谓"人微言轻，人贵言重"，一位学识渊博的老教授在一群学生面前就较少有从众行为。在群体中人们往往愿意听从权威者的意见，而忽视一般成员的观点。地位高者被认为有权力和能力酬赏从众者而处罚歧异者，并且地位高者比地位低者显得更自信能干、经验丰富，能得到较多的信息，这样就赢得了地位低者的信赖。因此，一般来说，群体中那些地位越高的人，越不容易屈服于群体的压力，反之，个体的地位越低，就越容易发生从众行为。

160 为什么我们会随大流？

说到从众，有的人可能会自信满满，说自己常常是群体里能够引领大家的"少数派"；而有的人会比较迷糊，认为自己总是莫名其妙就跟着别人"走"了，是典型的"老好人"、"传真机"。那么什么样的人更容易从众呢？有永恒的"少数派"和"传真机"吗？

从从众者的个性特征来看，一个人的智力、自信心、自尊心以及社会赞誉需要等个性心理特征会对其从众行为产生重要影响。有较高社会赞誉需要的人，比较重视别人对他的评价，希望得到他人的赞许，因此容易表现出从众倾向。而有的研究表明，高焦虑的人从众性较强，他们可能需要通过和其他人保持一致，来降低自己的焦虑。

而从性别角度看，人们通常会认为，女性比男性更易从众，其实这里存在性别刻板印象，因为人们常常拿女性不擅长的和男性擅长的方面进行比较。而实际研究表明，女性和男性在各自不熟悉的领域上，都表现出较高的从众倾向；而在那些熟悉程度相仿的领域里，从众比例差别很小。就像是在买车的时候，男性因为比较在行，所以不容易受到别人的影响；而在选择化妆品方面，女性则对自己的选择更加自信。

当然，个人的文化背景也会对从众产生一定的影响。社会心理学家对大量的跨文化研究的结果显示，具有集体主义倾向的国家（如日本、中国）比强调个人主义的国家（如英国和美国）具有更高的从众比率。然而随着文化融合度的提升，从众的比率在具有集体主义倾向的国家中呈现出渐小的趋势。

161　说你行你就行吗？

你会在考试前对自己说"不要紧张，我已经准备得很充分了，会取得好成绩的"吗？

你会站在镜子前对自己说"我很自信，我会变成强壮的男生（美丽的女孩）"吗？

你听说过有的医生给病人吃一些维生素结果治好大病的传闻吗？

……

这些小伎俩你可能自己都偷偷试过，这种新奇的传闻你也可能不止一次听说，那这些小伎俩有效吗？这些传闻是真的吗？先看看下面的小故事再细细分解。

塞浦路斯的国王皮格马利翁是有名的雕塑家。他精心地用象牙雕了一位美丽可爱的少女，并深深爱上了"她"。国王到了结婚的年龄，却迟迟不愿结婚，依旧每天坐在"她"的对面，关注着"她"，呼喊着"她"，希望"她"有一天能变成真正的少女。终于，国王的痴情感动了天神，天神使这位象牙少女拥有了真正的生命，成了真正的公主……

　　这里讲的仅仅是个神话，但古人也许正是想通过这样一个神话说明一种现象：热切的期望会使预言实现。那么，在实际生活中，这种神奇的作用是如何发生的呢？心理学家经过研究认为，这是通过对对方的"暗示"作用实现的。暗示是指在无对抗条件下，用某种间接的方法对人们的心理和行为产生影响，从而使人们按照一定的方式去行动或接受一定的意见、思想。暗示的结果会使一个人发生变化，甚至是很大的改变。

　　老师对学生积极的心理暗示会使得学生更加自信，更愿意学习，从而学习成绩得到很大的提升；商家重金聘请知名演员和著名运动员为他们做广告，是暗示消费者和这些名人有一样的品位，从而吸引消费者去买他们的产品；医生运用暗示疗法，会提高病人的自信心，使医患密切配合，取得更好的医疗效果……所以我们要多多给予他人和自己积极的心理暗示，让自己的内心强大起来。

162 榜样的作用是无穷的吗？

外出时，看到有些人正在为生病的儿童募捐，你会慷慨解囊吗？如果你注意到其他人都在踊跃捐款，甚至是只看到了募捐箱里已经募得的硬币与纸币时，你是不是更可能做出慈善捐助呢？

社会学习理论（social-learning theory）就强调学习对于助人的重要性，认为可以通过强化来学习帮助他人，还可以通过观察来进行学习。我们都会记得小时候因为帮助了别人而得到家长、老师的表扬，或者明明可以提供帮助却袖手旁观时所受到的批评。

有研究发现，4 岁的儿童，如果他们由于慷慨的行为而得到泡泡糖奖励，他们就会更愿意和伙伴分享弹珠玩具。甚至某些形式的赞扬比其他形式更有效，比如人格倾向的赞扬像"你真是那种愿意帮助人的好孩子"，就要比一般性赞扬如"你愿意把玩具分给没有玩具的小朋友玩，这是一种很好的帮助别人的行为"更有效，其原因可能在于人格倾向的赞扬与鼓励会让儿童将自己看作应该持续给予他人帮助的那类人。

而在助人学习中，榜样的作用也是非常重要的。有一项研究揭示一年级儿童中，观看助人类型电视节目的儿童显著地比看中立[①]条件电视节目的儿童更爱帮助他人。一项关于献血者的研究表明，成人也会因观察到助人榜样而受到影响。成长过程中，人们学到了一些关于

[①] 中立：在此指面对求助反应冷漠，未采取行动。

谁应该得到帮助，以及什么时候应该给予帮助的规则，并逐渐内化为价值观和人生准则。

163 为什么你会袖手旁观？

1964 年 3 月，在纽约昆士镇的克尤公园发生了一起谋杀案，震惊全美。吉娣·格罗维斯是一位年轻的酒吧经理，她于凌晨 3 点回家途中被温斯顿·莫斯雷刺死。使这场谋杀成为大新闻的原因是，这次谋杀共用了半个小时的时间（莫斯雷刺中了她，离开，几分钟后又折回来再次刺她，又离开，最后又回过头来继续行刺），这期间，她反复尖叫，大声呼救，有 38 个人从公寓窗口听见求救声或看到她被刺的情形，却没有人下来阻止凶手的暴行，她躺在地上流血时也没有人帮她，甚至都没有人给警察打电话。

通常我们都相信，在发生紧急情况时如果有许多人在场，其中一定会有人出来相助，但事实却常常相反，正因为有许多人在场，结果很少有人挺身而出。这种在紧急情况下，由于其他人在场，不仅不会使个体的利他行为增强，反而会抑制个体的利他行为，从而产生集体坐视不理的冷漠行为，被形象地称为"旁观者效应"（bystander effect）。

那么为什么旁观者越多，越不会轻易给予帮助呢？研究者提出了以下解释：

社会抑制。社会上每个人对所发生的事件都有一定的看法，并采取相应的行动。但每当有其他人在场时，个人在行动之前会比没有他人在场时，更加小心地评估自己的行为，把自己准备要做出的反应与他人的反应加以比较，以防做出尴尬难堪的事情，给人以笑柄。当比较的结果是他人都不采取利他行为时，就产生了对利他行为的社会抑制作用。

社会影响。在一定的社会情境下，每个人都有一种模仿他人行为而行事的倾向，这种倾向在紧急情况下更加突出。也就是说，当在场的其他人不采取行动时，个人往往会遵从大家一致的表现，采取一种不介入的态度，这是由于周围环境或团体的压力产生的一种符合团体压力而改变自己态度与行为的从众社会心理现象。

责任扩散。这是指在紧急情况下，当有其他人在场时，个人救助他人的责任会减少。因为见危不救所产生的罪恶感、羞耻感、内疚感往往会扩散到其他人身上，而由于责任扩散，个人的责任相对减少，个人不去帮助受难者的代价也会减小，因此他人在场会减少个人的助人行为。

164 为什么人们会毫无原则地服从？

在历史的长河中，战争永远是一个不变的主题，屠杀，掠夺，侵略……时隔多年后，许多在战争中作出暴行的人都会这样为自己辩解：当初的那些行为并非出于本意，自己只是服从了上级的命令。我们不禁会问，为什么人们会服从于非人道、非正义的命令，采取残暴的服从行为呢？

1963 年，美国社会心理学家米尔格莱姆（Stanley Milgram，1933—1984）做了这样一个实验。他通过广告招募了 40 名各种职业、年龄在 25—50 岁之间的被试，告诉被试这项实验是有关学习和记忆的研究，主要考察惩罚对学习的影响。他们会被随机分配成老师或者学生的角色，老师的任务是朗读配对的关联词，学生则必须记住这些词，随后老师呈现关联词中的一个，而学生必须选出正确答案，否则就要给予"电击"惩罚。

但其实这项实验的真正目的是考察被试对权威的服从行为。经过事先安排，招募来的真被试都被分配作为老师，而实验助手则作为假被试扮演学生的角色。实验中给学生的电击惩罚按钮一共有 30 个，从 15 伏特累计，依次增加到 450 伏特。4 个按钮为一组，下面分别标注有"弱电击"、"中等强度"、"强电击"、"特强电击"、"剧烈电击"、"极剧烈电击"、"危险电击"，最后两个用"X X"标记。事实上这些都是假的。为了让被试相信实验的真实性，让他们自己先感受了一下 45 伏特的电击。在实验过程中，"学生"故意多次出错，"教师"必须一次次地加大电击强度；"学生"从轻微的呻吟，到谩骂，最后会出现休克（当然这些都是假被试演出来的），而"老师"的任务就是使实验继续进行下去。

在实验之前，研究者预测没有多少人会按下危险电击的按钮，但出人意料的是 65% 的人（26 人）服从了主试的命令，一直坚持到最后，按下了 450 伏特的按钮。而几乎所有的人都按下了超过人体正常承受的电击按钮。虽然这个实验在伦理道德上饱受争议，但毫无疑问的是，它让我们看到了盲目服从权威带来的后果。在人们得到保证、不承担任何责任的情况下，极容易表现出毫无原则的服从行为。（参见本书插图页第 6 页下图）

生 活 心 理 学

165 为什么有了"飘柔"还要有"潘婷"？

你最喜欢用哪个品牌的洗发水？"潘婷"？"沙宣"？"飘柔"？"海飞丝"？超市里这些品牌的洗发产品堆满了一个又一个货架，是否每每让你眼花缭乱，难以抉择？然而，你可知道，这些洗发水品牌其实来自同一家公司——宝洁。

用我们普通人的方式来思考，可能会觉得宝洁公司的举动难以理解，都是洗发水，干吗要生产这么多的品牌？难道不怕这些品牌自己相互竞争吗？而实际上仔细观察后你会发现，这些不同牌子的洗发水都有着各自的特点，同时也拥有着不同的客户群。比如，"海飞丝"的特点在于去屑，"潘婷"侧重营养护理，"飘柔"的宣传点则在于追求秀发柔顺飘逸的效果。这就是宝洁公司的多品牌差异化营销策略。而这一策略的基础就是消费者需求的多样化。

对于消费者需求的多样化，美国学者温德尔·史密斯于1956年提出了"市场细分"的概念，简单说来，就是企业根据消费者需求的不同，把整个市场细分成不同消费者群体，然后针对不同消费者群体的需要和心理，设计不同的产品营销策略，包括产品功能定位、产品包装设计、广告宣传等，使得企业能够更有效地占领市场、赢得商机。与此同时，消费者也会感觉自己受到了重视，能够更好地找到适合自己的产品。

166　为什么许多商品价格都以"9"结尾？

如今，超市和很多商店中的商品价格都普遍以"9"结尾，如洗发水 19.99 元，薯片 9.9 元等，很多衣服的价格也是 99 元、199 元等。为什么商家喜欢以"9"结尾的价格呢？这种定价模式有着什么玄机？

以"9"结尾的价格策略，被称为"尾数定价策略"（mantissa pricing），是指在确定商品的零售价格的时候，利用消费者追求廉价商品的心理，制定非整数价格，以零头数结尾，让消费者有一种"便宜"的感觉，从而激起购买的欲望。如果你稍加留心，就会发现这种策略最常见的应用是在以中低收入群体为目标客户的超市及便利店等处。国外的沃尔玛、家乐福以及国内的华联超市等，都在采用这样的策略。

尾数定价会让消费者产生特殊的心理效应：第一，会觉得商品很便宜，99 元的商品和 101 元的商品，虽然实际价格相差不大，但 99 元商品给人的感觉是不到 100 元，而后者的价格却有 100 多元，所以消费者会觉得前者价格低、便宜。第二，一些定价到小数点后两位的商品会给人定价精确的感觉，如洗发水定价为 19.99 元，会让人觉得这样的定价精打细算到几角几分，给人实惠信任的感觉。第三，这样的定价往往会配合商家的一些促销策略，比如满 200 减 50，如果买的商品是 199 元，消费者很可能会为了能享受减价而再买一件商品，从而达到了商家促销的目的。

167 为什么商家促销时常会送赠品？

购物时，我们很容易被一些促销活动所吸引，比如赠品派发或者试用商品小样等，但在得到赠品或者试用之后，我们往往会不自觉地掏钱买下相应的商品，好像有一种责任感迫使自己这样做一样。你有过这种感受吗？

我们的生活中到处充满了"互惠原则"（reciprocity）的影子，相互帮忙、相互请客等，别人帮助了自己，我们一定会找个机会回报他。心理学研究表明，我们很难漠视别人为自己提供的帮助和赠予，即使有时候我们力不能及，但还是不愿意承担这种心理上的"负债感"。互惠原则，形象地说，就是"投之以桃，报之以李"。这也是中国千百年来传扬的"己欲立而立人，己欲达而达人"的精神。

就像美国汽车大王亨利·福特所说的："如果成功有秘诀的话，那就是站在对方立场来考虑问题，能够站在对方的立场，了解对方心情的人，不必担心自己的前途。"无论是人际交往还是商品交易，只有讲求这种互惠原则，才能赢得人们的信任和好感，建立融洽的合作关系。

互惠原则在销售活动中的作用体现为：虽然销售人员并不认识消费者，但在他为消费者提供了赠品或者试用产品这样小小的恩惠后，再提出自己的请求，会大大提高消费者答应这个请求的概率。商家给予的恩惠通常不是消费者主动要求的，但即使是这样，消费者仍会有一种负债感，出于这样一种责任感的履行，消费者往往会选择回报对方的恩惠，有时候甚至付出的比得到的多得多，以此来卸下自己心灵上的负债感。所以，消费者要注意不能有贪婪心理，记住世上没有免费的午餐，万万不可被商家的互惠原则所利用。

168 为什么看到"最后三天"就"hold"不住购物的欲望？

小李家门口的书店贴出了大大的招贴"关门清仓，最后三天"，小李和很多人一样，抵不住诱惑一下子买了好几本书回家。结果一个星期过去了，贴着"最后三天"的书店仍然在营业，这让小李懊恼不已。你知道这家书店的揽客办法利用了顾客的什么心理吗？

其实，这是商家惯用的利用数字吸引顾客的例子。商家抓住了消费者"过了这个村，可能就没有这个店"的心理，利用"最后三天"来刺激消费者的购买欲。同类型的例子在以网络为媒介的传播过程中比比皆是，例如有的广告语是"数量有限，先到先得"，同时还会配有一分一秒流逝的倒计时提醒。在时间有限、数量有限的提示下，消费者会认为这一商品是紧缺的、稀少的，而对于稀缺的东西，人们往往会趋之若鹜。俗话所说的"物以稀为贵"就是这个道理。霍达的长篇小说《穆斯林的葬礼》中就有这样一段描述：蒲绶昌原本有3块玉，但是为了卖出更高的价钱，他就打碎了其中的两块，结果剩下的那块的价值远远超过了这3块的价值总和。

另外，许多网站还会把商品的原价标出并划掉，同时醒目标示出商品现在的价格，以凸显商品的降价幅度。其实消费者很少去核实这一降价是否真实，只要看到这样的提示，就已按捺不住点击购买了。坦率地说，有多少人能在大幅降价面前保持理智呢？

169 为什么平面广告和电视广告的传播效果不一样？

在信息大爆炸的今天，广告无孔不入，几乎渗透到我们生活的方方面面。但是你有没有发现，不同的商品对广告媒介有不同的偏好。像饮料、零食等小商品，最常见的广告形式是电视广告，而对于理财服务等一些需要消费者投入很多精力挑选的商品，往往采取的是平面广告的形式，这一现象背后的理由是什么呢？

这里就不得不提到"精细加工模型"（elaboration likelihood model， ELM）的概念了。精细加工模型是最常见的用来解释消费者受媒介影响从而改变态度或认知的理论。该理论认为个体对说服信息中所包含的相关论据的思考程度是不同的，这取决于个体的动机和能力，在高卷入和低卷入的不同情境下遵循不同的说服路线。在高卷入情境下，例如报纸、杂志等平面广告，应采取说服中心路线，其中心线索包含了强有力的论据和理由，需付出较多的认知努力。而在低卷入的情境下，例如电视、电台广告等，应采取说服边缘路线，其外围线索包含信息源特征、呈现信息的背景以及产品包装等，只需较少的努力和思考。

精细加工模型的提出很好地解释了传统广告的认知效果。比如饮料、零食等不需要很多的认知加工，但需要很强的感染力和影响力，电视广告的动态化、色彩丰富化等特征无疑是很好的载体；而像理财服务等需要消费者付出很多认知加工才能作出决定的商品，平面广告就可以提供更多的信息以及思考空间。

170 为什么要请名人做广告？

我们的生活中充斥着各种各样的广告，细心的你有没有发现绝大部分广告的主角都是娱乐圈或者体育界的名人呢？你会不会因为购买了自己偶像代言的品牌或者穿了一双和自己偶像同款的鞋子而兴奋不已呢？

打开电视，充斥屏幕的是拿着大喇叭高喊"赶集了"的姚晨；步入地铁，随处可见标榜"爱表演不爱扮演，我是凡客"的王珞丹；翻开报纸，周渝民、林依晨手持茉莉蜜茶向你微笑……我们生活的世界，是一个充斥着名人广告的世界。品牌商利用具有影响力、与商品气质相符的名人做广告，往往会收到很好的经济效益和社会效益。而作为消费者的我们似乎也的确很吃这一套。

站在品牌商的立场来看，代言人的选择并不是随意决定的，名人形象本身所传递的信息必须有助于商品品牌的塑造，比如广告中周渝民和林依晨扮演的情侣，无论是青春靓丽的外形还是清新自然的气质都非常般配，仿佛让消费者真实感受到了茉莉蜜茶所带来的甜蜜温馨。不得不说，选择合适的名人进行产品代言，确实能为产品形象加分不少。

另一方面，名人代言也会带来一定的模仿效应，尤其是对于许多粉丝而言，能使用和偶像一样的物品是一种莫大的幸福。心理学家将这一现象归结为"权威效应"，即一个地位高、威望高、受人敬重的人，他所说的话、所做的事也容易引起别人的重视，并让别人相信其正确性。而在粉丝的心目中，明星就是权威，对他们所推荐或者代言的商品也就更有好感，更倾向于购买。现实中，有些明星代言的新产品一经推出就常常卖到断货，看来，启用名人代言确实有无限商机啊！

171 为什么有时候同一款商品会有多个不同的代言人？

打开电视，就可以看见各个品牌的代言人置身不同的场景呈现商品的特点和性能，在为观众带来美的享受的同时，也提高了观众对产品的接纳度。可见，选用合适的明星代言确实会打开产品销路，在短时间内积累人气。但奇怪的是，有时候我们会发现，同一个品牌会邀请不同的明星做代言，这又是出于什么原因呢？

提到最热衷于启用大批明星做广告的产品，大家在第一时间都会想到百事可乐，尤其是四年一次的世界杯一到，我们就会发现各国的大牌球星不仅仅在球场上同台竞技，还会在广告里为了争夺一瓶百事可乐大展身手。而阵容如此强大的代言团，商家且不说要付出天价的代言费，光是协调各方拍摄、宣传就要花费巨大的人力、物力和财力，商家为什么要多此一举呢？当然，明智的商人都不会做亏本买卖。一方面，大规模的明星阵容代言同一品牌本身就是一大热点，众多俊男美女吸引的目光和话题就是对商品无形的宣传和推广。而启用多个明星更会带动众多粉丝的购买力："这么多代言的明星，只要里面有一个是我喜欢的，就足以说服我掏腰包以示支持了。"

另外，针对同一品牌旗下不同型号产品的特点选择不同的代言人，也是市场细分产品定位的体现。例如，佳能的 EOS 系列的代言人是成龙，体现了 EOS 作为"单反之王"的定位和大气、可靠的特点；而同时佳能旗下的 IXUS 系列则选择了莫文蔚作为代言人，她的性感形象为 IXUS 增添了时尚、鲜亮、轻松的魅力色彩。

172 为什么有的人在选择高档商品时会"不求最好只求最贵"？

电影《大腕》里有这样一个经典片段：演员李成儒扮演的精神病患者自认为"深谙"业主的购物心理，指出所谓成功人士就是买什么东西都买最贵的不买最好的。他在精神病院里滔滔不绝地阐述自己的售房理念——"不求最好，只求最贵"，那么，这真的是高档商品的定价策略吗？

随着尾数定价策略被越来越多的商家奉为定价宝典，我们发现，不分场合、种类地滥用这一策略有时反而会使消费者产生逆反心理，觉得商家是在刻意误导消费者，进而产生不信任的感觉。另外，对于一些出售高档商品的大型商场而言，尾数定价策略其实并非最好的选择。

首先，以中高收入阶层为目标客户的大型商场并不需要用廉价政策来博得这些客户的好感和青睐。这样的目标定位决定其在价格上与便利店、超市相比没有优势。其次，大型商场往往通过购物环境、经营范围和优质服务等来营造自己的品牌，希望树立"高档名牌商店"的形象，因此，应用"声望定价策略"（prestige pricing）是较为合适的选择。声望定价策略是指利用名牌商品的声望制定价格、吸引消费者。"价高质优"的确是一部分消费者的潜在心理，但这并不意味着所有人都会盲从所谓的"不求最好，只求最贵"，只是有些时候一些高档商品为拥有者带来的其他意义对他们而言比价格更重要。而声望定价策略一方面能提高产品形象，另一方面也满足了某些消费者对地位和自我价值的欲望。

173 为什么大家都喜欢买销量排名靠前的商品？

你是否有过这样的经历：当你看到一家从未光顾的饭店门口排了很多人的时候，会下意识地觉得这家饭店的菜一定很好吃，所以才会有这么多人排队；当你看到超市里的人都抢着买盐的时候，尽管超市一再承诺食盐的供应量充足，你也会不由自主地多买上几袋。

其实，以上的例子都可以用"社会认同"（social identity）理论来解释。我们对于自己属于哪些特定的社会群体都会有一定的认识，作为群体中的一员，我们在进行判断或作出决定时常常以他人的行为作为标准，当我们看到大多数人都采取了某种行动时，就会认为这样的行动是正确的，所谓"真理掌握在多数人手中"。当然，采用这种行为模式的人们往往忽视了这一真理到底是否"真实"，具有一定的盲目性，这也就是我们常说的从众心理。

网上购物也是同样的道理，我们习惯性地对商品的搜索结果在销量、人气或信用上进行排序。淘宝上销量排名靠前的产品会越来越畅销，许多淘宝商家也因此非常注重买家的留言和评论，因为这一功能能够对商品的销量起到非常明显的推动作用。一项研究表明，63%的消费者表示，如果在网站上看到其他购买者对于商品的评价不错的话，他们就会购买这一产品。当然，这样的做法是在时间、经验有限的情况下达到了效率的最大化，但前提是这些评论和留言都是真实的，而不是卖家刻意经营的结果。

174　为什么赌徒的钱袋总是空空的？

所谓赌徒心理就是，输了钱没关系，可以继续赌下去等待翻本；而赢了钱依旧可以赌下去，反正是白得的钱，干嘛不花掉呢？这样的心理在生活中，尤其是在牌桌上是不是很常见？可是，你想过吗，输掉的钱和赢来的钱不都是自己的钱吗？为什么可以两样对待呢？

虽然都是自己的钱，但得来的途径不同，导致人们对于钱的看法也不同。如果是自己每天上班 8 小时赚来的钱，可能花起来就十分节约，但如果是像中彩票那样得来的意外之财，可能很快就大手大脚花掉了。其实，在人们的头脑里，为这两种不同来源的钱分别建立了两个"心理账户"，从不同的账户"取钱"的难易程度也是不同的。

心理学家卡尼曼和阿莫斯·特维尔斯基（Amos Tversky, 1937—1996）就做了这样一个经典实验：假设你要去看一场门票价值 10 美元的电影。当你打开钱包后，发现少了一张 10 美元的钞票。那么，你还会买电影票吗？实验结果显示，只有 12% 的受访者说他们不会。而假设你还是要去看一场门票价值 10 美元的电影，但正在你掏票的时候，你意识到它被弄丢了。那么，你会去重买一张票吗？实验结果显示，有54%的受访者表示他们不会重新买票。这两个情景其实是一模一样的：你丢了10美元，然后又要付10美元看电影。但是两者的实验结果却不同，大家更不愿意在丢票的情境下再花钱去看电影。因为我们将不同类型的损失和收益归入到不同的心理账户中去了。

心理账户这个概念是芝加哥大学行为科学教授查德·塞勒提出的，指由于消费者心理账户的存在，个体在作决策时往往会违背一些简单的经济运算法则，从而做出许多非理性的消费行为。在上述实验中，如果我们丢的是现金，那么我们心理损失的是现金账户，它与音乐会这件事的账户无关，所以我们非常有可能选择去听这场音乐会；而如果丢的是音乐会的门票，那就与音乐会这一账户有关了，我们选择不去听这场音乐会的概率就比较高。

事实上，心理账户不只存在于经济类决策中，在其他方面同样具有解释力。比如一个公司的职员，他的几个上司每人给他布置了一点任务，他可能并不觉得多，也不会对上司产生不满，而如果一个上司给他布置了很多任务，他就很可能会埋怨这个上司，并产生不满的情绪。

175 为什么大家喜欢买彩票？

很多人喜欢买彩票，也许你的家人就是忠实的彩票迷。当然，我们也知道彩票的中奖概率微乎其微，所以人们才会把中彩票比作"天上掉馅饼"的好事儿。既然成功的概率如此渺茫，为什么那么多人还会把买彩票当作一项业余爱好，甚至一个职业，经年累月地坚持下去呢？

几乎人人都有过买彩票的经历，虽然买的时候很多人都会说，只是玩玩啦，肯定不会中奖的。但是摸着自己的良心说，他们在选号和下注的时候，心里多多少少都会抱有一点中奖的期望。与这种心理相类似的是保险业务。虽然真正发生事故需要向保险公司索赔的概率也很小，但是人们还是很想尽量规避这一风险。

对于这两种小概率事件，人们往往都抱有强烈的兴趣。但不同的是，在小概率的收益面前，很多人是风险喜爱者；而在小概率的损失面前，很多人是风险厌恶者。也就是说，同样概率的风险，人们在收益和损失两种背景下，有了两种截然不同的偏好。一个人可以是风险喜爱者，同时又是风险厌恶者，这样的态度是十分矛盾的。但其实，人们回避的不是风险，而是损失。这也是卡尼曼"前景理论"（prospect theory）所揭示的"迷恋小概率"原理。

对于很多经济上并不宽裕的人来说，即使中奖的概率很低，但相比于短时间内得到一个 6 位数薪水的工作，买彩票还是非常值得一试的。在购买彩票的那一刻，几块钱的损失在他们眼中已经微不足道了，因为购买彩票的他们已经沉浸在中大奖后的幸福感中了。

176 为什么消费时很难保持理性？

如果突然向你提出这一问题，你一定会非常自信地当即表示，自己绝对是一个理性的消费者。所谓理性消费，从理论上讲就是透过现象发现本质的消费过程。而理性的消费者，简单说来就是在好的东西和坏的东西之间，总会选择购买好的东西。然而现实生活中，为什么我们作出的决策常常会巧妙地避开最为明智的那个选项呢？

芝加哥大学的奚恺元教授曾经做过这样的实验：冰淇淋 A 一杯有 7 盎司，装在 5 盎司的杯子里面，看上去快要溢出来了；冰淇淋 B 一杯有 8 盎司，但是装在了 10 盎司的杯子里，所以看上去杯子很大，里面却还没装满。此时，两份冰激凌摆在你面前，你更愿意为哪一杯付更多的钱呢？听起来似乎是 8 盎司的那一杯冰淇淋值更多的钱才对，但如果分别呈现两杯冰淇淋的话，更多人选择了为 7 盎司的冰淇淋付更多的钱。

这个小实验表明，虽然人们尽力想成为一个理性的消费者，但在作决策的时候，尤其是在商品信息并不充分的情况下，往往很难判断一个物品的真正价值，只能通过比较参照来进行判断。在冰淇淋的实验里，大多数人选择的参照是冰淇淋在杯子里看起来是否装得满。而实际上，我们的眼睛"欺骗"了自己。这同时也说明，人的理性其实是有限的。

我们作为普通消费者，要真正做到理性消费，需要克服盲目性，不能听风就是雨，要善于应付受到诱惑以后心理可能发生的变化。如此，只有多了解情况，多了解市场行情，才能逐渐形成自己的主观认识，保持稳定的、不为所惑的心理状况。这个过程，需要消费者个人自觉地去实践和认识，最终形成理性消费的意识和习惯。

177 为什么有人宁愿收藏贬值的旧货却不愿出售？

我们有时会听说，或者身边就会遇到这样的人：家里囤积了很多过去的家具、电器，占了很大的空间，而且明明已经派不上用场了，可他们还是不肯丢掉或者卖掉，这一举动到底是出于什么心理呢？难道仅仅是因为恋旧吗？

2002 年的诺贝尔经济学奖颁给了心理学家丹尼尔·卡内曼，颁奖词说，他将心理学研究中的综合洞察力应用于经济学，解释了人们在不确定情况下的决策制定问题。他提出的"前景理论"（prospect Theory）能够很好地解释一些经济学现象，其中就涉及囤积实际上没有价值的旧货这一现象。卡内曼认为这是出于人们的"损失规避"。简单地说，就是人们对于损失和收入的敏感性是不同的，丢失 10 元钱带来的痛苦，要大于得到 10 元钱所带来的快乐。

经济学家曾做过这样的实验：假设有这样一个赌博游戏，投一枚硬币，正面为赢，反面为输。如果赢了可以获得 50000 元，输了失去 50000 元。如果让你选择，你愿意冒这个险吗？从概率上讲赢和输的可能性是一样的。但是调查结果显示，很少有人愿意参加这样的游戏，因为人们对损失要比对同等数量的收益敏感得多。同样，用旧了的家具或者电器，虽然不再拥有原来的价值，但比起廉价卖掉带来的痛苦，很多人宁愿选择囤积旧货。

178 为什么"猴子"也能战胜"大象"？

很多人可能没有听说过哈勒尔这个名不见经传的小公司，然而你能想到吗，在与日用品行业屈指可数的巨头企业宝洁公司的交锋中，哈勒尔公司竟然险中取胜，它是怎么做到的呢？

波士顿顾问公司的创始人亨德森曾提出了"猴子大象法则"（monkey-elephant theory），他将行动灵活的小公司比喻为猴子，将规模庞大的公司比喻为大象，人们都知道大象可以轻易打败猴子，但同时猴子也可以骚扰大象，使大象陷入困境。小公司想要在竞争中打败大公司，必须有到位的市场分析和独到的经营策略。

最早买断"配方 409"清洁喷液开发权的哈勒尔公司虽然只是一个小企业，但凭借专利的优势，在 20 世纪 60 年代占据了美国将近50% 的清洁喷液市场。但好景不长，日用品之王宝洁公司想要将自己的疆土扩展到这一市场，很快推出了"新奇"清洁喷液。很显然，无论是公司规模还是市场影响力，哈勒尔都不是宝洁的对手。

然而，哈勒尔公司剑走偏锋，首先在宝洁公司选取丹佛市进行产品试销时故意减少自己在这一地区的销量和供货，制造出自己难以抵挡宝洁攻势的假象。就在宝洁公司认为前景一片光明，准备投入大笔资金到清洁喷液市场的时候，哈勒尔公司突然发力，实施大幅度的降价优惠，促使消费者购买了大量"配方409"，以致短时间内无须再购买清洁喷液。宝洁公司刚刚推出的"新奇"严重滞销，不得不撤销"新奇"的销售计划。就这样，哈勒尔公司抓住宝洁公司盲目自信、不把小公司放在眼里的心态，成功地隐藏在大象身后，出其不意给予沉重打击。这，就是"猴子"的精明之处。

179 为什么"七喜"广告要强调自己是"非可乐"？

20 世纪 20 年代，美国豪迪饮料公司的"七喜"饮料推出后一直默默无闻，直到 1968 年智威汤逊广告公司为"七喜"明确了"非可乐"的定位，"七喜"才声名大噪，受到广泛欢迎，当年销量提升了14%，1973 年更是增幅达 50%。为什么只是扣上了"非可乐"的帽子，就给"七喜"带来了如此之好的收益呢？

美国著名管理学家德鲁克曾说过："小企业的成功依赖于它在一个小的生态领域中的优先地位。"什么叫作生态领域？在动物界，为了避免和凶猛的动物争夺食物而造成不必要的伤亡，很多动物会选择错开寻找食物的时间，比如夜食动物，以及同一片水域里生活在不同水层的鱼类等。而要想在残酷的经济市场中生存下来，企业也不得不采取一些策略。对于各行各业来说，市场竞争是必不可少的，两家实力相当的企业硬碰硬，所谓"一山不容二虎"，势必会造成两败俱伤的局面；但如果能够避开正面冲突，在彼此盈利的基础上寻找到自己独特的市场，那么对于双方都是一种难得的双赢局面。

商品销售要找到适合自己的生态位置，发现自己的优势，明确自己的市场定位和目标客户群。而"七喜"在当时可乐占据大半江山的饮料市场中准确地瞄准了"非可乐"这一定位，强调其"不含酒精的普通清凉饮料"的特点，就是抓住了客户的心理，寻找到了自己独特的市场。

180 为什么有时会"后来者居上"？

2014年5月，艾瑞发布视频网站综合服务月度覆盖数据。在这个代表视频平台用户覆盖能力的核心数据中，腾讯视频超越爱奇艺PPS和优酷土豆，以3.18亿的月度覆盖用户数位居行业第一；2015年1月，腾讯应用宝用户月度覆盖比例超过360手机助手、百度手机助手等，以27.5%的用户覆盖率居行业第一。别人先做、腾讯后做的情况很多，为什么在网络发展日新月异的今天，腾讯公司可以将起步较晚的业务做大做强，后来居上呢？

打开我们的电脑，就会发现腾讯公司旗下的产业已经占据了我们的硬盘和虚拟生活：无论是IM软件，还是网络游戏，从门户网站到层出不穷的相关增值产品，几乎大部分你能想到的和网络社交相关的应用，腾讯公司都有涉足。不仅如此，腾讯还推出了soso搜索、qq网游，甚至C2C电子商务平台——拍拍网，在这些腾讯公司并不具备先机且竞争激烈的领域，腾讯依然优势十足。

其中的原因就在于有了庞大而相对固定的客户群之后，腾讯公司在这一领域拥有了"马太效应"，简单地说，就是好的越好，坏的越坏；多的越多，少的越少。罗伯特·莫顿将这一社会心理现象归结为：任何个体、群体或者地区，一旦在某一个方面（如金钱、名誉、地位等）获得成功和进步后，就会产生一种积累优势，就会有更多的机会取得更大的成功和进步。所谓赢家通吃，就是当你成为某个领域的领头羊时，即便投资回报率相同，你也能更轻易地获得比弱势的同行更大的收益。所以，即使没有太多优势，腾讯公司依旧能在互联网多个领域的混战中分得一杯羹。

181　为什么企业要花大价钱进行市场调查？

也许是在大街上，也许是在超市里，你有没有收到过工作人员派发的调查问卷？为了鼓励更多的消费者填写问卷，很多商家会附赠一些小礼品给填写问卷的消费者，还有一些公司甚至不惜花重金进行更为全面和详细的市场调查。那么，企业这么做的目的到底是什么呢？

美国吉利公司以生产剃须刀闻名，他们的产品使用方便、舒适，在广大男性消费者群体中受到普遍的欢迎。而在 1974 年，吉利公司却推出了女性专用的剃毛刀，这在当时一下子就引发了热议：吉利公司是在开玩笑吗？不，这并不是玩笑，而是吉利公司经过一年扎实周密的市场调查后作出的决定。原来，美国 30 岁以上的妇女为了保持良好的个人形象，65%的人会定期刮除腋毛和腿毛。除了依靠脱毛剂外，很多人选择使用男性剃须刀来解决这一问题，而且愿意在这一项目上投入大量金钱。换言之，这是一块未开发的、极具潜力的市场。于是吉利公司立刻采取行动，针对女性的特点和需求专门生产了色彩鲜艳、使用安全的剃毛刀，投入市场后一举获得巨大成功。

相似的例子其实比比皆是。美国企业家沃尔森提出，"把信息和情报放在第一位，金钱就会滚滚而来"，这一观点被称为沃尔森法则，并逐渐成为众多企业奉行的金科玉律。一定程度上，你得到多少，往往取决于你能知道多少。

182 为什么田忌赛马会赢？

心理学定律中有一条重要的"格式塔定律"：整体不是部分的简单相加，整体大于部分之和。我们也许有这样的感受：在处理问题时，把事物作为一个整体作通盘考虑，会比孤立地看待和应对事物的某个方面的收效要好。

田忌赛马的故事生动地说明了"整体大于部分之和"的道理。战国时期的齐国大将田忌喜爱赛马，常与齐王和诸公子下重金赌赛马，但不占优势。田忌的朋友孙膑在观看赛马时，发现这些马的脚力可分成上、中、下三等。在一场对齐王的赛马中，他为田忌设计了一个扬长避短的方案，即用自己的下等马与对方的上等马比赛，用上等马与对方的中等马比赛，用中等马与对方的下等马比赛。田忌采纳他的意见，在三场比赛中，田忌以两胜一负的成绩取胜，最终赢了齐王的千金赌注。孙膑提出的办法之所以成功，在于他有全局眼光，善于将手中各部分力量优化整合，最大限度地发挥自己的优势，而不是只着力于单局的比赛，在每一场中都硬碰硬地与对方竞争。

关于这一定律，还有一个著名的"米格—25效应"。前苏联研发的米格—25战斗机，虽然所用的零部件比当时美国的战机要落后很多，但是整体性能却超过了美国战机，这是为什么呢？原来，设计师从整体考虑，使得各个零部件的配合更为协调，组合在一起时，就使整体的性能达到了最大优化。

格式塔定律同样可以应用在企业管理中。以研发团队为例，团队成员各司其职，相互配合，这样每个人才能充分实现甚至超越自己的价值，将团队的力量发挥至最大化。这也是格式塔定律"整体大于部分之和"的体现。

183 为什么 3＋1 不等于 5－1？

你也许会问，3＋1 和 5－1 不是都等于 4 吗？为什么 3＋1 不等于 5－1 呢？从数学计算上来看，它们的结果的确是相等的，但是这两个式子在心理上给我们带来的结果却往往是不一样的，有时其中的差异还不小呢。

在同一家百货公司，有甲、乙两个柜台销售着一样的糖果，两个柜台的客流量也几乎没有差别，可是百货公司的管理人员发现乙柜台的季度销售额总是高于甲柜台。管理人员十分困惑，于是偷偷观察两个柜台的售货员的工作情况，却发现这两位售货员的服务态度、工作效率都没有太大的不同，只是她们在工作时的一个小习惯很有意思。甲柜台的售货员在称量糖果的时候，总喜欢抓一大把糖果在秤盘上，然后根据顾客需要的斤两往外拿；而乙柜台的售货员却喜欢先拿少量的糖果放在秤盘上，然后一点一点往里加。虽然她们称量的是同样重量的糖果，但给顾客带来的心理感觉却有很大的不同。管理人员这个小小的发现揭示了销售额产生较大差异的关键所在。

如果你和一些人一起去果园帮忙，好客的果农为了答谢你们，要把剩下来的一筐新鲜的苹果分给你们，可是他不知道筐里面究竟有多少苹果，他只好先给每人分了 3 个，后来发现苹果有了剩余，又给你们每人加了 1 个，这时你心里一定美滋滋的，因为你多得了 1 个苹果。而换一种情况，这个果农先给了每个人 5 个苹果，之后发现不够了，又从每个人的手中拿走 1 个苹果分给没有得到的人，这时你会有什么样的感受？失望？郁闷？或是有些生气？总之心情绝对没有前一种情况时好。可是你明明拿到的也是 4 个苹果啊，为什么你的感受却不一样了呢？这就是为什么 3＋1 会大于 5－1。

心理上的加减法和数学中的加减法是不一样的，因为人的心理总有那么一种倾向，喜欢获得而不愿意失去。那两个销售糖果的售货员就在不经意间让顾客做起了心理上的加减法，那个习惯拿走一些的售货员总是给顾客带来消极的情绪体验，而那个习惯添加的售货员则为顾客带来了积极的情绪体验，那么久而久之，人们当然更愿意去乙售货员那里购买糖果了。

184　为什么有人网购了不合适的商品却不退换？

随着信息技术的日益普及和发展，网购已经成为人们日常生活中一种重要的购物方式，但是我们观察身边那些经常网购的朋友，会发现他们往往堆积了一些不能使用的网购"失败品"。一般情况下，网购卖家都会提供退换货的服务，可是为什么他们宁愿浪费也不选择退换货呢？

俄亥俄州立大学心理系教授霍尔·亚科斯和利物浦大学的卡特琳·布拉默在 1985 年做了这样一个实验：他们让实验对象假设自己花了 100 美元买了密歇根滑雪之旅的票，但在那之后发现有个更好的威斯康星滑雪之旅——只要 50 美元，于是也买了它的票。然后，研究者假定，这两个旅行的时间互相冲突，而两张票都不能退或者转让。你认为他们会如何选择呢？是选 100 美元那个"不错"的旅行，还是选 50 美元的那个"绝佳"的旅行？实验结果显示，有一半人选择前者——那个更贵的旅行。虽然它可能不像后者一样有趣，但是不去那里的话，感觉损失更大。可是理智地分析下来，这显然是不合理的，因为无论如何，花出去的钱都是收不回来的。这个谬误让你无法意识到，最好的选择是要在将来带给你更好的体验，而不是为了弥补你在过去的损失。之所以会根据花钱的多少作出选择，是因为人们陷入了"沉没成本"。

沉没成本（sunk cost）是指由于过去的决策已经发生，而不能由现在或将来的任何决策改变的成本。人们在决定是否去做一件事情的时候，不仅要看这件事对自己有没有好处，而且也要看过去是不是已经在这件事情上有过投入。我们把这些已经发生、不可收回的支出，如时间、金钱、精力等称为沉没成本。这就可以解释为什么人们在网购的衣服并不称心，并且穿这衣服的概率几乎为零的时候，依然不会选择退换。因为网购的物品不是特别贵重，并且在购买的同时支出了邮费，如果不是因为质量的原因要退货你还要再出一份邮费，这样的考虑使得你放弃了退货的打算，而事实上你却为了省下几块钱的邮费而浪费了一件衣服的钱。再比如有的人不愿意结束一段糟糕的恋情，这并不是因为他对对方的感情仍然很深，而是因为之前的投入和付出让他不甘心舍弃。对于沉没成本的看重可能会使得我们的眼光变得狭隘，纠结于过去那些不可挽回的事，错失了很多更美好的东西。

185 为什么有人会网购到停不下来？

随着网络的普及，网购已经逐渐成为一种主流的购物形式。2012年淘宝网首次"双十一"活动，才半个小时营业额就破了3亿，2013年更是突破了10亿大关。如此近乎"疯狂"的网购，仅仅是为了庆祝"光棍节"吗？

当我们询问大多数人为什么选择网购时，他们通常都会说网购不仅节省时间，价格便宜，并且网上商品种类繁多，有更多的选择。当然这是网购的益处，网购确实给我们带来了便利。但是产生"网购瘾"的人也不在少数。

网上的东西虽然便宜，但是买的数量多了，也是一笔不小的开销；况且由于商品品种多样，琳琅满目，有些人往往一看就是半天。比起去商场购物，网购并不见得真的省钱省时。那为什么还有很多人一旦开始网购就停不下来呢？

在网上付款是通过虚拟货币、网银来交易，这就使人对钱的概念变得麻木起来，通过点几个按钮，输入几个数字，交易就完成了，很少能切实地感受到金钱数额的减少。没有了花钱的"心疼"感，自然就少了节制。另外，网购很多时候属于冲动型购物，人们被商家各种各样的优惠活动和宣传噱头所吸引，很容易就会产生想要购买的欲望。在实体购物中，由于消费者会对商品进行全方位的评估，包括外观、质感、牢固度、合不合身等，相对来说理性的成分更大，但是在网络中，判断的依据是宣传照片，因而往往只凭第一印象就购买了。由于现在的购物网站，每个商品的宣传页面还添加了其他商品的链接或者相关关键词的搜索，常常使得好奇的消费者链接又链接，最终买了很多计划外的物品。引用一些消费者的话，真可谓"一入网购深似海"。

186 为什么 iPhone 机壳会如此畅销？

随着 iPhone 手机的流行，大街上人们用的 iPhone 机壳也变得形形色色，五花八门。旗舰店、网店、专卖店，各种各样卖 iPhone 配套产品的店铺数量迅速增加。事实上，稍有了解就会发现，很多 iPhone 机壳的售价并不便宜，但销售情况依然火热，这是什么原因呢？

18 世纪，法国有个叫丹尼斯·狄德罗的哲学家。有一天，他从朋友那里收到一份礼物，是一件质地精良、做工考究、图案高雅的酒红色睡袍，狄德罗非常喜欢。可是，当他穿上华贵的睡袍在家里到处走动的时候，他觉得家具风格和睡袍有一种不协调感，并且发现地毯的针脚也粗得吓人。于是，为了达到与睡袍配套的目的，他先后替换掉了旧的家具、地毯等东西，终于一切看起来都和睡袍保持了同一个档次，相当和谐。然而，当他回顾这一系列事情之后，却依然觉得很不舒服，这次不是因为睡袍和家具的不协调，而是因为他觉得自己居然被一件睡袍"胁迫"了。

两百年后，美国哈佛大学经济学家朱丽叶·施罗尔在《过度消费的美国人》一书中，把这种现象称作"狄德罗效应"（the Diderot effect），也可称为"配套效应"，指的是人们在拥有了一件新的物品后不断配置与其相适应的物品以达到心理上平衡的现象。iPhone系列相较于同类手机并不便宜，为了配得上这款手机，不少人就会选择价格较贵的手机保护外壳或者贴膜等。因为他们觉得既然已经花了不少钱买这款手机，那么怎么也得买一个配得上它的外壳才不至于显得廉价，再加上这款手机已经被普遍使用，为了达到彰显自己个性的目的，就只能诉诸五花八门的机壳了。

187 为什么放在高价物品旁的商品更容易卖掉？

当你在超市或者商场里采购时，只要对商品摆放稍加留意就会发现，商家似乎总有意把价位相似的同类商品摆放在一起。而和那些高价位的商品摆放在一起的新品，往往也有较高的价位，这又是为什么呢？

和那些高价位的商品放在一起的新品往往定价也较高，但新品一般也会有比较好的销量，因为消费者在已经接受高价位商品的同时，形成了这类商品"质量好所以价格贵"的印象，对摆放在一起的新品也会有这种爱屋及乌的心理，认为这样的价位是合理的。但如果定价较高的新品是和价格较低的商品摆放在一起的话，消费者很可能会觉得新品并不值那么多钱，而不愿意购买这样的新品。比如，一种新的运动产品问世，如果它左边是耐克，右边是阿迪达斯，那么我们很容易将其判断为高品质的运动产品，从而接受它的高价位。

当人们需要对某一事件作出评价时，会将某些特定数值作为起始值，起始值就像船锚一样制约着估测值，这就叫作"锚定效应"

（anchoring effect）。上面的例子中，对于新品的锚定效应就是以周围同类商品的价格来估计新品的价格。锚定效应还体现在生活的各个方面，比如面试中的第一印象等，人们最初获得的信息往往会影响到以后的判断。

188　为什么有人会把什么事情都留到最后一刻才做？

我们在很小的时候就会吟诵一首古诗："明日复明日，明日何其多，我生待明日，万事成蹉跎。"然而，虽然"今日事今日毕"的道理很多人都知道，可是还是有人习惯将事情都拖到最后一刻再完成，久而久之，就可能患上"拖延症"。

单纯的做事情拖拖拉拉，或者懒得去做，这还只是单纯的"拖延"，是一种坏习惯。但是，当拖延已经影响到个人的情绪状态，比如出现强烈的自我责备及负罪感，不断地自我否定、自我贬低，并伴随强烈的焦虑、抑郁情绪或强迫症状时，就上升到拖延症。这一现象已经成为不少心理学家所关注和研究的热点。

为什么人们会拖延？也许你根据自己的切身感受也能说出几个原因。事实上，拖延的成因有很多，一般来说是源于个体自身对自己很高或不切实际的期望，由于害怕失败而迟迟不肯动手。还有不少人甚至陶醉于事情完成后那种在高度紧张状态之后突然放松的快乐感，认为自己在很短的时间里也能完成得不错而觉得自己很有效率，因而觉得没必要过早着手干一件事情，从而强化了自己拖延的行为。但是等到积压的事情多了，截止日期临近，才意识到很多事情完不成的时候，已经来不及了。

要改掉拖延的坏毛病，让它不再进一步升级，首先要弄清楚原因，然后对症下药。拖延有时可能是为了逃避做一些事情，可能是无法开始做事情，可能是无法决定用什么方法去做一件事，可能是将事情复杂化，可能是害怕完成一件事，可能是不知道什么时候该去结束一件事，可能是不知道如何完成一件事……有种改善的方法是想办法将事情简化，制订阶段性的可操作的小目标一点一点完成，并在完成的过程中不断鼓励自己，告诉自己完成得很好；同时时刻警惕不要给自己找拖延的借口。

189 应该先做"重要的事"还是"紧急的事"？

你有没有这样的经历：明明忙活大半天了，但是回头一看主要的事情没怎么做，一些无关紧要的小事倒是做了一堆，用一个很潮的词来说，就是"无事忙"。其实，拖延的毛病在很大程度上也是由于对自己的时间分配不够合理，不善于管理时间。

那么怎样才算是真正合理地安排了自己的时间呢？目前有一种很流行的时间管理理论，称为"第二象限组织"法。

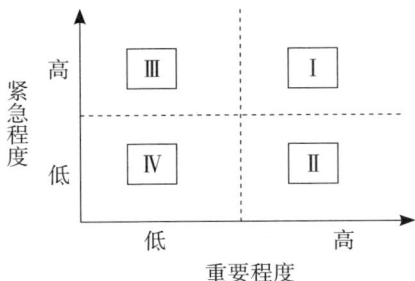

紧急程度 高　　Ⅲ　　　　Ⅰ

低　　Ⅳ　　　　Ⅱ

低　　　　高
重要程度

第二象限组织法是由美国管理学家科维提出的一个时间管理理论。这一理论把工作按照重要和紧急两个维度进行了划分，共形成4个象限：

第一象限是既紧急又重要的事，比如马上要交的一份数学作业，或者近期要进行的钢琴等级考试，又或者是生病了需要住院动手术，应尽量以最短最快的时间完成这些事。

第二象限是重要但不紧急的事，比如建立人际关系，确立未来的发展方向，锻炼身体等。这些事情不是一朝一夕就可以完成的，但是对你个人的发展又是非常重要的。

第三象限是紧急但不重要的事，比如回答一个无关的提问，参加一个聚会等。这些事情很多时候并不那么重要，但是发生得比较突然并且似乎又没有拒绝的理由，因而往往占去了很多时间。

第四象限是既不紧急也不重要的事，比如上网玩游戏、聊天、逛街等。既然属于既不紧急也不重要，那么在这类事情上面就不应该花时间，或者应该在其他象限的事情做好的基础上再来做这个象限的事情。

我们有时觉得自己忙忙碌碌，但是似乎没有做什么实质性的工作，就是因为在区分"紧急"和"重要"任务的先后顺序上出现了问题。特别是第一象限和第三象限的任务，因为都有一种急迫感而让人误以为都是重要的，所以大把的时间都是花在完成这些事情上，但其中往往有一大部分都是不怎么重要的任务。而第二象限那些重要但不紧急的任务是最容易被忽视的，拿锻炼身体这件事来说吧，很多人都知道锻炼身体很重要，但是当下有很多紧急的任务，就觉得这个可以放一放，从而一拖再拖，几个月甚至几年都不去运动，慢慢埋下了隐患。

每个人都有很多"紧急的"和"重要的"事要做，要把每一件事情都完成是不切实际的，因此区别每件事的性质显得非常必要，请记住，将"重要的"事优先于"紧急的"事来做，你会发现你慢慢已经跑在别人的前面了。

190 为什么那些人数较多的日韩组合会如此受欢迎？

天刚蒙蒙亮，上海浦东国际机场国际航班出口处已经挤满了叽叽喳喳的人群。其中大多是20岁左右的小姑娘，有的手拿条幅，有的举着海报，有人聚在一起小声唱歌，还有的人可能因为熬夜劳累暂时坐在一边休息……原来，他们是在等待一个韩国偶像组合。

你是不是也是一名拥有专属称号、制定应援色（指与舞台上表演的明星的服饰颜色相对应的色彩）、因为偶像的一次出现就激动不已高声尖叫的粉丝？那么，你有没有想过，为什么这些歌红人更红的组合，总是有十几甚至几十人之多的成员呢？

组合拥有的成员多了，自然拥有了各式各样吸引粉丝的"致命武器",同样是长相,有清纯型的、成熟型的;同样是性格,有活泼型的、恬静型的;同样是歌喉,有清亮型的、高亢型的,总之,这么多种个性和特点,总有一个能吸引到你的眼光。这就是所谓的萝卜白菜,各有所爱。只要有你的菜,就不怕你不爱。

因为成员多,所以组合在大众面前的曝光率也大大增加了。有的成员可以去参演电视剧,有的成员可以去出席综艺节目,就连演唱专辑宣传的时候,也可以兵分多路提高效率。心理学中的曝光效应(mere exposure effect)告诉我们,即使你对某一事物并不是特别感兴趣,但接触的信息多了,即使是单纯增加你见到这一事物的次数,也会让你对其产生好感。

除此之外,你是否还有这样的感觉:一开始,你只是喜欢这个组合中的一个人,时间长了,发现组合中的其他人也不错,就这样渐渐的,你从对一个人的喜欢扩展到了对整个组合的推崇。这就是典型的"爱屋及乌效应"。同时,也和格式塔心理学中提到的"整体大于部分之和"有关。因为当成员之间互动时,组合营造出的精神面貌、团结友爱的整体氛围,是一个人无法做到的。

191 为什么你会对某一位明星情有独钟?

他英俊帅气、才华出众,舞台上的他,时而款款情深、时而动感时尚;电视剧里的他,时而温柔体贴、时而霸气逼人……

她美丽动人、气质出众,荧屏上的她,举止优雅、熠熠闪光;生活中的她,可爱大方、亲切近人……

理所当然,他(她)成了你心目中最耀眼的明星、最美好的化身、最喜爱的存在,集齐了你欣赏的所有优点。有时候你自己都想不清楚,为什么自己会对他(她)这么着迷。

你不知道，但是心理学家知道。

心理学家指出，每个人的心目中都有 3 个自我的影子：真实自我、潜在自我和理想自我。真实自我是你此时此刻在平时的生活中所表现出的自己；潜在自我，则是你可以成为的自己，只是你的一些潜能此时可能还没有发挥出来；而理想自我，则是你心目中希望自己成为的样子。大部分情况下，我们每个人的理想自我都是美好而善良的，全身上下充满了闪闪发光的优点。而实际情况却是，我们并非理想中的那么完美，我们时常会犯错，时常会办蠢事，时常为自己的种种缺点头痛和懊悔。

于是，当我们的潜在自我还没有完全体现，时常因为真实自我而产生对自己的不满，而理想自我看起来又是那么遥不可及时，我们就将自己的理想自我投射到了偶像的身上。我们所看到的都是经过包装后的明星，有时候，甚至他们所说的每一句话、发布的每一篇文字，都有专业团队进行安排和策划，为的就是展现一个众人期望的完美形象。从他（她）的身上，你或许能找到自己理想自我的影子，或者能找到心目中另一半的影子。也就是说，那些受欢迎的明星们，很多都是你理想自我的化身，或者是你梦中情人的投射。

于是他简直就是白马王子的化身，他的每一次出现、他的身影、他的脚步、他的每一条信息都让你不由自主地追随；

于是她简直就是白雪公主的投影，每一次她的叹息、她的微笑、她高兴时的小欢呼、她沮丧时的小失落，在你眼中都是那么恰到好处。

192 你有"我绝不能比你差"的想法吗？

每年的开学季，都会掀起一场文具的购买狂潮，书包、笔袋、彩笔……明明之前的书包没有坏，铅笔盒也还是新的，为什么一定要换掉呢？一位孩子的母亲转述孩子的话说，同学们用的都比她的好，她不能比人家差，所以孩子非要买新款的书包和文具，不然就闹情绪。大家都管这样的心理和行为叫"攀比"，那为什么人会有这样的心理呢？

我们处在一个社会系统中，在社会当中免不了和各式各样的人打交道，因此我们绝大部分的学习和生活都包含在这样或那样的人际关系当中。同时，人的一生都在持续地探索自己、发现自己、评价自己，而这种自我评价很多时候是通过和他人比较得来的。有时候一个人为了提高自尊和社会地位，获得自信心，就会不自觉地去和那些被他人羡慕的人进行比较。在校园里，不同家庭背景的孩子生活在一起，那些拥有最新款电子产品或者稀有物品的孩子就会得到同伴羡慕的眼神，而他们个人获取自尊和自信的愿望就在某种程度上得到了满足。但是，建立在这种基础上的自尊和自信其实是不稳定的，它会伴随拥有更好东西的他人的出现而瓦解，为了维护这种自信，他们就会不断地和他人进行物质的比较，形成"攀比风"。

社会心理学中著名的"社会比较理论"（social comparison theory）认为，社会比较可以为我们提高自信水平，成为合理自我完善的基础。人人都自觉或不自觉地想要了解自己的地位如何，自己的能力如何，自己的水平如何。而一个人只有在社会中，通过与他人进行比较，才能真正认识自己和他人。因而，与他人比较是每个人都存在的一种动机，只不过从物质上进行比较是将这种动机用错了地方。如果要获得稳定的自我评价，自尊和自信就必须建立在稳固的基础上，应该将自己的这种动机加以引导，例如关注自身的能力水平、技能水平、人格倾向等等。

193 为什么背课文比记歌词难？

相信每个人都有这样的经历：上学时，老师要求背诵课文段落、古诗词，我们反复地背诵却怎么也记不住；可是无意间听到一首好听的歌，我们听一遍便能哼出它的旋律，几次下来连歌词都能流畅地一起唱出来。为什么两个情境会有这么大的差别呢？是我们的头脑出了问题吗？

其实这与我们的认知功能有关。认知具有被动、主动之分，被动认知是外界刺激强加给个体的，如突然出现的声、色、味、形等都会引发人的认知。虽然有些被动认知能与我们的需要相符，因而引起舒适感受，但更多的被动认知会使人产生不适应、烦躁和惊慌等不舒适感。相反，主动认知是个体对外界刺激有选择的认知过程，与人的需要满足密切相关，通常会伴随成功、喜悦、满足等舒适感受。课文的背诵效果之所以比不上记歌词，很多时候是因为我们对那些需背诵的课文内容不感兴趣，只是迫于老师的要求或任务的需要而背诵，此时我们的大脑处于被动认知的状态；而对于我们感兴趣的东西，比如娱乐新闻、流行歌曲，往往听一遍就能记住个大概了。

人类认知有主动认知和被动认知之分，这使我们联想到广告业界的宣传手段。人们通常将对公众的传播方式分为硬文化和软文化两种：硬文化营销是通过高频率的广告来使顾客记住产品形象；软文化营销不直接推介产品，它利用一些能够抓住消费者眼球的主题，引起消费者的注意和共鸣，而将产品隐于其中，让消费者不经意地认识进而接受其产品。在这里，软文化营销追求的即是消费者的主动认知。近年来兴起的微电影广告便是软文化营销中一类新兴的传播形式。此类广告为某个特定的产品或品牌而策划和制作，采用电影的拍摄手法和技巧，有情节、有对话，其着意宣传的产品往往作为主要线索嵌入片中，这样做可淡化人们比较排斥的"广告味"，不着痕迹地在消费者心目中渗透产品的形象，以求收到春雨润物、点滴入土的效果。

在这方面，春秋航空公司有个很好的例子。2006 年 12 月，中国民营企业春秋航空公司由于出售 1 元的低价机票，被物价局处以 15 万元的罚款。这一事件，看似是一则负面的新闻，然而随后的调查却显示春秋航空的品牌认知与认可度上升了 45.9%。你知道吗，普通的一个品牌想要达到同样的效果，至少要花费上百万甚至千万的广告传播费用，而这次春秋航空被意外曝光，只用了 15 万元，就让自己在竞争激烈的市场中，凭大众对其票价低的深刻印象站稳了脚跟。这堪称是歪打正着的软文化营销的成功经典。

从上述的事例中，我们可以看出主动认知在人类认知中的重要作用。对于学习者来说，树立正确的学习动机，培养学习的兴趣，掌握科学的学习方法，提高学习的主动性，以真正领会和掌握知识，这样，也许能收到事半功倍的效果。

194 为什么"砍价"成功却未必让我们开心？

你善于砍价吗？会砍价往往被视为会过日子的表现，尤其是一些阿婆、大妈们似乎特别善于此道也乐于此道。清晨的菜市场里，常常会看到拎着菜篮子的买家为一两角钱和卖家争得面红耳赤。她们真的就如此在意这一两角钱吗？好像也不全是，她们也享受成功砍下价后的愉悦。但是每次砍价成功真的都会让人开心吗？

小林出门逛街，在一家格子铺里意外地发现了一款自己心仪已久的限量版手办，于是心里暗暗盘算着把这件稀罕物买下来。他找来店员询问详情和价钱。店员说这个手办最低价要 400 元。小林心里想：要是 250 元我就买。小林故意表现出一副很窘迫的样子，推说自己没带那么多钱，能不能再降低点价钱，经过一番讨价还价，店员最后问小林带了多少钱。小林灵机一动说，自己就带了 200 元钱。结果，店员相当痛快地说看在小林真稀罕这个玩意，那就 200 元成交了。店员一边说一边着手开单据。这一痛快不要紧，小林当时就懵了，许多疑问顿时充满了小林的脑袋：是不是质量有问题？是不是我给的价高了？这个手办是不是高仿？是不是我被坑了？……这样一来，买到心仪宝贝的愉快感好像也不见了。

就这样，本来低于预期的价格并没有给他带来成就感，反而引发了强烈的失落感，这一现象在消费行为中并不少见。我们姑且把消费者的这种心理叫作"馅饼效应"，即人面对便宜想占又怕会反受其害的心理状态。消费者的这种心理给予商家许多的启示，首先就是如何去应对经验丰富的消费者的讨价还价。一旦价格降得太猛会给消费者一种感觉，认为这商品肯定有问题，或者价格不实在，谎价严重，从而无论是商品本身还是商家信誉都会在消费者心中大打折扣，即使商家是出于真心的感恩大酬宾，也不会获得所期望的结果。因此，精明的商家在商品定价时会认真考虑，既可以不损害利润，又能够使消费者接受，在跟消费者讨价还价时可以从容不迫，坚持原则。如果非降不可时也可以协调好，应该是做有限度的让利。

而作为消费者的你在今后的砍价过程中，更要留心卖家的坚持中到底几分是真几分是假。

195 为什么分期付款能刺激消费？

以前，我们都知道买房等大额消费是可以分期付款的。但是到了今天，分期付款的使用也越来越普遍化了，连购买一部手机也可以分12个月付款，这也让无数年轻人从"月光族"逐渐转变成了"分期族"。可事实上，分期付款中往往还包括利息，所以用分期付款方式购买同一商品或劳务，所支付的金额要比一次性支付的货款多一些。那么，为什么大家还如此依赖分期付款呢？

这就要说到"金额细分法"了。所谓的金额细分法就是将看似巨大的数目分解成若干部分，每一部分都是合理存在的并且数目微小。这样做可以减轻巨额数目给人带来的冲击，让人们切实地认同东西的价格是合理的；同时，对数目分解还能让顾客知道钱究竟花在了哪里，为消费者的购买奠定了平和的心理基础。

一些商家或者推销员也善于利用金额细分法，最直接的目的就是分散客户对较大金额的注意力，让他们把注意力转移到比较容易接受的小数额上。当顾客将注意力转移到小数额上时，就不会在小数额上斤斤计较，从而交易更容易实现。不仅如此，通过价格细分，还可以让人们较快地接受一些新的消费观念，从而开辟新的市场。

1996年，美国琼森公司来到上海和北京两地开辟抛弃型隐形眼镜市场。抛弃型隐形眼镜，顾名思义，就是戴上一个月或更短时间就得换新镜片的眼镜（如月抛型、日抛型等），即使没有坏也要废弃不用。由于当时隐形眼镜市场几乎被博士伦、卫康等几个品牌垄断，市场的开辟遇到很大困难，而且这种新的消费观念一时不能被人们所接受。更麻烦的是这种眼镜用量大、费用高，每年光镜片就需要花费680元，而其他隐形眼镜只需要三四百块钱。由于这些原因，抛弃型隐形眼镜在开始的一个月内没有卖出几盒。于是公司决定在销售时利用金额细分法，告诉顾客这种眼镜每天只需多支付几毛钱便可以获得诸如健康卫生、减轻眼睛的负担等多种好处。这样一来，顾客果然很快被说服。一种新的消费理念很快被大众接受，琼森公司也因此获得了巨大的成功。